服务三农·农产品深加工技术丛书

观赏药用植物栽培技术

张天柱　主编

中国轻工业出版社

图书在版编目（CIP）数据

观赏药用植物栽培技术/张天柱主编．—北京：中国轻工业出版社，2017.4

（服务三农·农产品深加工技术丛书）

ISBN 978－7－5184－1320－1

Ⅰ.①观…　Ⅱ.①张…　Ⅲ.①观赏植物—药用植物—栽培技术　Ⅳ.①S567

中国版本图书馆CIP数据核字（2017）第037762号

责任编辑：伊双双　赵梦瑶
策划编辑：伊双双　　责任终审：张乃柬　　封面设计：锋尚设计
版式设计：宋振全　　责任校对：吴大鹏　　责任监印：张　可

出版发行：中国轻工业出版社（北京东长安街6号，邮编：100740）
印　　刷：三河市万龙印装有限公司
经　　销：各地新华书店
版　　次：2017年4月第1版第1次印刷
开　　本：720×1000　1/16　印张：13.25
字　　数：260千字　插页：4
书　　号：ISBN 978－7－5184－1320－1　定价：38.00元
邮购电话：010－65241695　传真：65128352
发行电话：010－85119835　85119793　传真：85113293
网　　址：http：//www.chlip.com.cn
Email：club@chlip.com.cn

161412K1X101ZBW

《观赏药用植物栽培技术》编委会

主　　编：张天柱

副 主 编：刘彩霞　陈小文

编写人员：郝天民　王佳鹿　董学会

李　琳　郭　芳　张立田

李玉江　刘鲁江　梁昕景

主　　审：宋玉琦

顾　　问：吴卫华

序

FOREWORD

中国是中医药的发源地，中草药是中医预防治疗疾病所使用的独特药物，在中华民族的繁衍中发挥了重要作用。目前中国大约有12000种可利用的药用植物资源，广泛用于人类的疾病预防和治疗，在中草药资源上我们占据垄断优势。古代先贤对中医药学的深入探索、研究和总结，使得中草药在医疗方面的应用得到了最广泛的认同。随着社会发展、科学技术水平进步和人民生活水平的提高，中草药的应用领域也在不断拓展，不断应用于食品、化妆品、饲料添加剂等新的领域，一些具有观赏价值的药用植物也被应用于园艺领域，药用植物的色、花、味、型丰富了人的物质文化生活。

目前，随着农业功能从生产向生态、生活和健康调理功能的逐渐延伸和发展，其中许多品种、高效技术已在一些地区示范和推广，或已形成一个产业，对发展当地的现代农业、提高农民收入发挥了巨大作用。在现代农业科技园区、农业嘉年华项目的规划设计和建设中，除了展示许多农作物（蔬菜、花卉、果树、粮谷、油料、豆类等）的名优品种及高效栽培技术外，还将具有观赏价值和挥发性芳香类物质的药用植物品种和栽培技术也纳入其中，这将是药用植物在观赏、健康调理功能应用方面的一个重要突破。这些中草药品种的种植，不仅具有一定的观赏作用，更重要的是它普及了中草药的科技知识，使广大人民更加了解和认识中草药，从而使我国的传统产业发扬光大。

《观赏药用植物栽培技术》一书，选择了61种观赏药用植物，从全国不同生态区布局、简介、药用价值、生长习性、栽培技术、采收等方面，展开了详细介绍，简明实用，特色明显，具有出版价值。

中国农业大学农学与生物技术学院教授
中国农业大学中草药研究中心主任
科技部中医药现代化项目专家
《生物学通报》编委
郭玉海
2016年10月

前　言

PREFACE

药用植物，是指医学上用于防病、治病的植物。中国是药用植物资源最丰富的国家之一，对药用植物的发现、使用和栽培，有着悠久的历史。

随着医药学和农业的发展，药用植物逐渐成为栽培植物。北魏贾思勰著《齐民要术》中，已记述了地黄、铃熏草、红花、吴茱萸等20余种药用植物的栽培方法。到明代，李时珍著《本草纲目》中载有栽培方法的药用植物已发展到180余种。新中国成立以后，我国对药用植物资源进行了有计划的调查研究、开发利用和引种栽培。

在现代农业园区建设中，一些观赏作用显著的药用植物正在逐渐走进园区，成为园区内的一枝新秀。观赏药用植物在现代农业园区中的出现，不仅事关景观节点的点缀、中草药知识的科普教育，更重要的是，通过药用植物品种的展示、栽培技术的传播，可以引导药用植物在某一地区的推广种植，从而形成一个产业，达到“兴业、富民”的目的。

为适应日益发展的现代农业的需要，本书选择性地搜集、整理、编写了61种观赏药用植物的栽培技术。在每一种药用植物栽培技术的编写中，分别编写了简介（拉丁文名、俗名、在植物学分类中的位置、分布区域等）、药用价值（性味、归经、功能、主治、各家药性论述）、生长习性、繁殖方法、栽培技术、病虫害防治、采收等，并附有图片，旨在使读者对某一个药用植物有比较详细的了解。

由于各药用植物的生物学特性不一，所以适宜地区、栽培技术亦不尽相同，可在不同地区的现代农业园区建设中有选择地应用。

由于编者水平有限，书中错误之处在所难免，诚望读者批评指正。

2016年10月

目　录

CONTENTS

一、铁皮石斛

铁皮石斛（*Dendrobium officinale* Kimura & Migo），俗名黑节草、云南铁皮，属微子目兰科多年生附生草本植物，花期为3—6月。主要分布于中国广西、云南、安徽、浙江、福建等地。1987年国务院发布的《野生药材资源保护管理条例》将铁皮石斛列为三级保护品种；1992年在《中国植物红皮书》中被收载为濒危植物。

除铁皮石斛外，还有金钗石斛、束花石斛、粉花石斛，因这些品种花形优美、花色差异大，均有观赏价值。

（一）药用价值

性味：味甘，性微寒。

归经：归胃、肾经。

功效：生津养胃，滋阴清热，润肺益肾，明目强腰。

主治：津伤口渴，食少便秘，虚热不退，目暗昏花。

《神农本草经》：主伤中、除痹、下气、补五脏虚劳羸瘦、强阴，久服厚肠胃。

《道藏》：中华九大仙草之首。

《本草纲目》：强阴益精，厚肠胃，补内绝不足，平胃气，长肌肉，益智除惊，轻身延年。

（二）生长习性

铁皮石斛适宜在凉爽、湿润、空气畅通的环境生长。生于海拔1600m的山地半阴湿的岩石上，喜温暖湿润气候和半阴半阳的环境，不耐寒。

（三）繁殖方法

1. 组织快繁

组培苗栽培前应先进行14～21天的炼苗。具体措施是将组培苗移至炼苗房，使其在开放变化的环境中逐渐适应自然环境，待组培苗叶色浓绿时即可出瓶种植。

出瓶前先将瓶盖打开，让瓶苗在室外空气中放置2～3d，让其适应自然温湿度。然后进行洗苗，洗苗时将带有培养基的幼苗轻轻取出，置于盆中清洗，污染苗和裸根苗或少根苗应分开放置。组培苗先用自来水清洗，主要是应洗掉琼脂，以免琼脂发霉引起烂根，而后再用清水漂洗一下。洗苗时最好根据苗的大小和优劣同步进行分级，以便栽培、管理，提高组培苗的成活率并使其生长整齐。

2. 分株扦插繁殖

分株时选择1年生或2年生、色泽嫩绿、健壮、萌发多、根系发达及无病虫害的植株作种株，剪去枯枝、断枝、老枝及过长的须根，将株丛切开，分成小丛，每丛带有叶的茎株5～7根，即可种植。

（四）栽培技术

1. 移栽时间

铁皮石斛的栽培时间一般是每年的春秋两季，且春季优于秋季。铁皮石斛栽培的最佳时间为每年4月中旬至6月下旬，这段时间气温在12～25℃，且空气湿度较大，出瓶后的试管苗移栽成活率较高且生长时间较长；其次是9月中旬至10月下旬，此时期移栽特别要做好抗寒防冻工作。

2. 栽培基质

栽培基质是优质高效栽培的关键。铁皮石斛的生物特性要求栽培基质既有良好的保水性，又有通风透气性。规模化生产要求栽培基质原料易得、操作方便。常用基质有水苔、碎石、花生壳、苔藓、椰子皮、松树皮、木屑、木炭、木块等。在生产中主要是应用树皮、木屑，或树皮、木屑、碎石、有机肥混合物，其中树皮粉碎成2～3cm颗粒。

3. 栽培条件

铁皮石斛栽培要求在塑料大棚中进行。大棚的建造要求做到通风、遮阴挡雨、有防虫网，并根据铁皮石斛的生长习性，考虑场地的光照、温度、湿度、通风等自然因素。铁皮石斛生长的适宜温度为15～30℃，在夏季比较炎热的地区，一般采用80%的遮阳网覆盖；冬季在30%～50%遮阳度下用双层塑料薄膜封闭保温。铁皮石斛要求保持基质湿润，空气相对湿度保持在80%以上为好，但又不能积水，浇水时采用喷灌或滴灌最好。

4. 附主栽培

铁皮石斛是附生植物，在自然条件下主要生长于一些高大乔木阴湿的树干或石灰岩上，因而在人工繁育栽培条件下也可模拟自然环境条件进行栽植，根据附主的特性不同，可将铁皮石斛的人工附主栽植分为树栽、石栽和腐殖土栽培3种形式。

（1）树栽　可选择树皮厚、水分含量高、树冠浓密、叶草质或蜡质、树皮有纵沟的阔叶树种（如黄桷树、梨树、樟树等）作为栽培附主。

（2）石栽　选择质地粗糙、松泡易吸潮、表面附着腐殖土或苔藓的石块作为栽植附主。

（3）腐殖土栽培　选择在较阴湿的树林下，用砖或石砌成高15cm的高厢，将腐殖土、细砂和碎石拌匀填入厢内，平整后即可栽植，厢面上搭100～120cm高的遮阴棚。

5. 田间管理

（1）温度与光照管理　铁皮石斛的适宜生长温度为15～28℃，夏季温度高时，设施大棚内须加强通风散热，通过遮阴棚、喷雾降温、通风降温等方式调控棚内温度在一个适宜的范围内；冬季气温低时，应将设施大棚密封好，必要时可通过各种加热方式使得设施内温度上升，以防冻伤植株。

铁皮石斛喜阴，应采用遮阴措施以降低光照。生长期的铁皮石斛遮阴度以60%左右为宜。幼苗刚定植完成时，大棚须盖有70%遮阴度以上的遮阴网，以防强光曝晒导致幼苗萎蔫，影响成活率。高温、高强光的夏、秋季，大棚的遮阴网须盖好、盖牢，因为高强光很容易让植株提早封顶，长不高，影响产量。冬季应适当揭开遮阴棚以利透光，延长生长期。贴树栽培（附主栽培）的，应在每年冬、春季节适当剪去附主植物过密的枝条。

（2）水分与湿度管理　水分管理是铁皮石斛栽培过程中的关键环节之一。刚移栽的石斛苗对水分最敏感，此时一般应控制基质的含水量在60%～70%为宜。移栽后7天内（幼苗尚未发新根）空气湿度保持在90%左右；7天后，植株开始生发新根，空气湿度保持在70%～80%。夏秋高温季节则尽量控制水分，以基质含水量在40%～50%为宜；进入11月以后，气温逐渐降低，温度在10℃以下时铁皮石斛基本停止生长，进入休眠状态，此时对水分的要求很低，应控制基质含水量在30%以内。

6. 越冬管理

越冬管理主要是保温，措施有加二道膜、烟雾防冻、人工加温等。进入冬季前要对铁皮石斛进行抗冻锻炼并适当降低湿度，每15天喷1次水。

（五）病虫害防治

1. 软腐病

易在高温高湿的环境中发生，且发病快，严重时，整株腐烂解体呈湿腐状。防治方法为发病初期，用77%可杀得101可湿性粉剂2000mg/kg防治效果最好，喷药后12天防治效果可达78%以上；也可用80%甲基托布津可湿性粉剂800倍液喷雾。同时，还要加强棚内管理，注意通风透光和降低棚内湿度。若患病要及时拔除病株，并用广谱性抗菌剂，如托布津、多菌灵、科博等消毒杀菌，然后重新用消毒过的基质栽植。

2. 黑斑病

主要危害叶片，使叶片枯萎，一般3—5月发生。防治方法可用50%多菌灵1000倍液喷雾2～3次。

3. 炭疽病

危害叶片及肉质茎，受害叶片出现褐色或黑色病斑，一般1—5月均有发生。防治方法为可用50%多菌灵1000倍液或50%甲基托布津1000倍液喷雾2～3次。

4. 蜗牛

为常见害虫，危害幼茎、嫩叶、花蕾和幼果。可用人工捕杀、毒饵诱杀或撒石灰、茶麸防治。

5. 菲盾蚧

寄生于植株叶片边缘或背面吸食汁液，5月下旬危害孵化盛期。防治方法用40%乐果乳油1000倍液或50%马拉硫磷1000倍液喷雾杀虫，或将集中有菲盾蚧的老枝烧毁。

6. 红蜘蛛

防治方法为清除周边环境的杂草或喷800～1000倍低毒杀螨剂。

（六）采收

铁皮石斛虽然一年四季都能采摘，但较佳采收期为每年11月至第二年3月。这是因为这个时期的铁皮石斛内光合作用的效果不是很强，富含的氨基酸、维生素和多糖都处于一年中最高，这些药用成分堆积在茎条内，这个时候采摘的铁皮石斛茎秆最合适药用。

铁皮石斛花在每年5月到6月盛开，药用价值较高，而其采摘时间必须严格要求，采摘早了就会达不到药效，采摘晚了铁皮石斛花会烂掉。一般来说，铁皮石斛花苞打开后，第二天盛开时即采下烘干为好。

二、金银花

金银花（*Lonicera japonica* Thunb），俗名金银藤、银藤、二色花藤、二宝藤、右转藤、子风藤、鸳鸯藤、双花，为忍冬科忍冬属多年生草本植物，以花蕾或带初开的花入药，为清热解毒药。花期4—6月（秋季亦常开花），果熟期10—11月。中国各省均有分布，种植区域主要集中在山东、陕西、河南、河北、湖北、江西、广东等地。

金银花由于匍匐生长能力比攀援生长能力强，故更适合于在林下、林缘、建筑物北侧等处做地被栽培；还可以做绿化矮墙；亦可以利用其缠绕能力制作花廊、花架、花栏、花柱以及缠绕假山石等；亦可作为室内盆景，既有香气，其花蕾、枝叶又可泡茶饮用。

（一）药用价值

性味：性寒，味甘。

归经：入肺、心、胃经。

功效：清热解毒、抗炎、补虚疗风。

主治：胀满下疾、温病发热，热毒痈疡和肿瘤等症。其对于头昏头晕、口干作渴、多汗烦闷、肠炎、菌痢、麻疹、肺炎、乙脑、流脑、急性乳腺炎、败血症、阑尾炎、皮肤感染、痈疽疔疮、丹毒、腮腺炎、化脓性扁桃体炎等病症均有一定疗效。

《名医别录》：治腹胀满，能止气下辟。

《本草纲目》：治一切风湿气，及诸肿毒，痈疽疥癣，杨梅计诸恶疮，散热解毒。

《神农本草经》：金银花性寒味甘，具有清热解毒、凉血化淤之功效，主治外感风热、瘟病初起、疮疡疔毒、红肿热痛、便脓血。

《苏沈内翰良方》：可移根庭栏间，以备急。

（二）生长习性

金银花适应性很强，喜阳、耐阴，耐寒性强，耐干旱和水湿，对土壤要求不严，但以湿润、肥沃的深厚沙质壤上生长最佳，每年春夏两次发梢。根系繁密发达，萌蘖性强，茎蔓着地即能生根。喜阳光和温和、湿润的环境，生活力强，适应性广，耐寒，耐旱，在荫蔽处生长不良。故农谚讲："涝死庄稼旱死草，冻死石榴晒伤瓜，不会影响金银花"。

（三）繁殖方法

1. 种子繁殖

4 月播种。将种子在 35 ~ 40℃温水中浸泡 24h，取出拦 2 ~ 3 倍湿沙催芽，等裂口达 30% 左右时播种。在畦上按行距 21 ~ 22cm 开沟播种，覆土 1cm，每 2 天喷水 1 次，10 余日即可出苗，秋后或第 2 年春季移栽，每 1h㎡用种子 15kg 左右。

2. 扦插繁殖

一般在雨季进行。在夏秋阴雨天气，选健壮无病虫害的 1 ~ 2 年生枝条截成 30 ~ 35cm，摘去下部叶子作插条，随剪随用。在选好的土地上，按行距 1.6m、株距 1.5m 挖穴，穴深 16 ~ 18cm，每穴 5 ~ 6 根插条，分散、斜立着埋在土内，地上露出 7 ~ 10cm，填土压实（透气透水性好的沙质土为佳）。

扦插的枝条开根之前应注意遮阴，避免阳光直晒造成枝条干枯。也可采用扦插育苗；在 7—8 月间，按行距 23 ~ 26cm，开沟，深 16cm 左右，株距 2cm，把插条斜立着放到沟里，填土压实，以透气透水性好的沙质土为育苗土，开根最快，并且不易被病菌侵害而造成枝条腐烂。栽后喷一遍水，以后干旱时，每隔 2 天要浇水 1 遍，半月左右即能生根，第 2 年春季或秋季移栽。

（四）栽培技术

1. 整形修剪

剪枝是在秋季落叶后到春季发芽前进行，一般是旺枝轻剪，弱枝强剪，枝枝都剪，剪枝时要注意新枝长出后要有利通风透光。对细弱枝、枯老枝、基生枝等全部剪掉，对肥水条件差的地块剪枝要重些，株龄老化的剪去老枝，促发新枝。幼龄植株以培养株型为主，要轻剪，山岭地块栽植的一般留 4 ~ 5 个主干枝，平原地块要留 1 ~ 2 个主干枝，主干要剪去顶梢，使其增粗直立。

整形是结合剪枝进行的，原则上是以肥水管理为基础，整体促进，充分利用空间，增加枝叶量，使株型更加合理，并且能明显地增花高产。剪枝后的开花时间相对集中，便于采收加工，一般剪后能使枝条直立，去掉细弱枝与基生枝有利于新花的形成。摘花后再剪，剪后追施一次速效氮肥，浇一次水，促使下茬花早发，这样一年可收 4 次花，平均每亩（1 亩 = 666.7m^2）可产干花150～200kg。

2. 追肥

栽植后的头1～2年内，是金银花植株发育定型期，多施一些人畜粪、草木灰、尿素、硫酸钾等肥料。栽植2～3年后，每年春初，应多施畜杂肥、厩肥、饼肥、过磷酸钙等肥料。第一茬花采收后即应追适量氮、磷、钾复合肥料，为下茬花提供充足的养分。每年早春萌芽后和第一批花收完时，开环沟浇施人粪尿、化肥等。每种肥料施用250g，施肥处理对金银花营养生长的促进作用大小顺序为：尿素+磷酸二氢铵，硫酸钾复合肥，尿素，碳酸氢铵，其中尿素+磷酸二氢铵、硫酸钾复合肥、尿素能够显著提高金银花产量，结合营养生长和生殖生长状况以及施肥成本，追肥以追施尿素+磷酸二氢铵（150g+100g）或250g硫酸钾复合肥为好。

（五）病虫害防治

1. 褐斑病

叶部常见病害，造成植株长势衰弱。多在生长后期发病，8—9月为发病盛期，在多雨潮湿的条件下发病重。发病初期在叶上形成褐色小点，后扩大成褐色圆病斑或不规则病斑。病斑背面生有灰黑色霉状物，发病重时，能使叶片脱落。防治方法为剪除病叶，然后用1∶1.5∶200比例的波尔多液喷洒，每7～10天喷1次，连续2～3次；或用65%代森锌500倍稀释液或托布津1000～1500倍稀释液，每隔7天喷1次，连续2～3次。

2. 白粉病

在温暖干燥或植株荫蔽的条件下发病重；施氮过多，植株茂密，发病也重。发病初期，叶片上产生白色小点，后逐渐扩大成白色粉斑，继续扩展布满全叶，造成叶片发黄，皱缩变形，最后引起落花、落叶、枝条干枯。防治方法；清园处理病残株；发生期用50%托布津1000倍液或BO－10生物制喷雾。

3. 炭疽病

叶片病斑近圆形，潮湿时叶片上着生橙红色点状黏状物。防治方法：清除残株病叶，集中烧毁；移栽前用1∶1∶150～200波尔多液浸种5～10min；发病期喷施65%代森锌500倍液或50%退菌特800～1000倍液。

4. 蚜虫

危害叶片、嫩枝，引起叶片和花蕾卷曲，生长停止，产量锐减。4—6月虫情较重，“立夏”前后，特别是阴雨天，蔓延更快。防治方法：用40%乐果1000～1500倍稀释液或灭蚜松（灭蚜灵）1000～1500倍稀释液喷杀，连续多次，直至杀灭。

5. 尺蠖

茬花后幼虫蚕食叶片，引起减产。防治方法：入春后，在植株周围1m内挖土灭蛹。幼虫发生初期，喷2.5%鱼藤精乳油400～600倍液；或用敌敌畏、敌百虫等喷杀，但花期要停止喷药。

（六）采收

采花时间在上午9～12时，有露水时和降雨天不宜采。上午采的花青白色质重，干燥容易，香气浓厚，出商品率高，质量好。采摘以花蕾上部膨大、长成棒状、青白色时为好，这时花即将开放，为最佳采摘时间，可以加工出优质商品。

三、旋覆花

旋覆花（*Inula japonica* Thunb.），俗名金佛花、金佛草等，属于菊科旋覆花属多年生草本植物。主要分布于中国、蒙古、朝鲜、苏联、日本，国内主产于东北、华北、华东、华中及广西等地。夏、秋二季花开时采收，除去杂质，阴干或晒干。生食或蜜炙用。现代研究，旋覆花对免疫性肝损伤有保护作用，其化学成分天人菊内酯有抗癌作用。其根及茎叶或地上部分亦可入药，治刀伤、疔毒，煎服可平喘镇咳。旋覆花是黄花、黄蕊，非常好看。花期6—10月，果期9—11月。可做盆栽，作为家庭阳台园艺项目之一。

（一）药用价值

性味：微温、味苦、咸、辛。

归经：归肺、脾、胃、大肠经。

功效：降气，消痰，行水，止呕。

主治：用于风寒咳嗽，痰饮蓄结，胸膈痞满，喘咳痰多，呕吐噫气，心下痞硬。

《神农本草经》：主结气胁下满，惊悸。除水，去五脏间寒热，补中，下气。

《本经》：主结气，胁下满，惊悸。除水，去五脏间寒热，补中，下气。

《名医别录》：消胸上痰结，唾如胶漆，心胁痰水，膀胱留饮，风气湿痹，皮间死肉，目中眵蔑，利大肠，通血脉，益色泽。

《药性论》：主肋胁气，下寒热水肿，主治膀胱宿水，去逐大腹，开胃，止呕逆不下食。

《日华子本草》：明目，治头风，通血脉。

（二）生长习性

旋覆花生于海拔150～2400m的山坡路旁、湿润草地、河岸和田埂上，性喜阳光，根系发达，抗病虫，耐寒、耐干旱、耐土壤贫瘠。

（三）繁殖方法

1. 种子繁殖

按行距 30cm 开浅沟条播，将种子均匀撒入沟内，覆上薄土，稍镇压后浇水。每亩播种量为 0.75～1kg。阳畦育苗，较直播提早 10～15 天进行，畦面整平后浇 1 次大水，待水渗下后，即可播种，撒播后，覆土 1cm，约 10～14 天出苗。待幼苗生有 3～4 片真叶时，按行株距 30cm×15cm 移栽。

2. 分株繁殖

4 月中旬至 5 月上旬进行，按行株距 30cm×15cm 开穴，将母株旁边所生的新株挖出，分栽于穴中，每穴栽苗 2～3 株，使根部舒展于穴中，盖土压实后浇水。

（四）栽培技术

1. 整地

播种或移栽前应进行秋耕，同时施用基肥，每亩用 3000～4000kg。翌年 3 月下旬再浅耕 1 次，耙平作畦，畦宽 1～1.2m，然后按上述行株距定植。

2. 田间管理

旋覆花原为野生植物，适应性强，极易管理。天气干旱时，要及时浇水；在炎热干旱或大雨后表土板结时，要及时松土，以减少水分蒸发。

（五）病虫害防治

旋覆花基本无病虫害。

（六）采收

露地栽培时，7—10 月开花期陆续采收老熟花序，然后晒干。

四、玉簪

玉簪（*Hosta plantaginea*（Lam.）Asch.），俗名白萼、玉春棒、白鹤花、玉泡花，为百合科玉簪属多年生宿根草本植物，分布于中国及日本，欧美各国多有栽培。国内产于四川（峨眉山至川东）、湖北，湖南、江苏、安徽、浙江、福建和广东。顶生总状花序，着花 9～15 朵，花白色，筒状漏斗形，有芳香，花期为 7—9 月。因其花苞质地娇莹如玉，状似头簪而得名。碧叶莹润，清秀挺拔，花色如玉，幽香四溢，是中国著名的传统香花，深受人们的喜爱。可做盆栽，作为家庭阳台园艺项目之一。

（一）药用价值

性味：甘，寒。

归经：入心经。

功能：消肿，解毒，止血。

主治：治痈疽，瘰疬，咽肿，吐血，骨鲠，烧伤。

《品汇精要》：根捣汁，疗诸骨鲠。

《本草纲目》：捣汁服，解一切毒；涂痈肿。

《本草再新》：治一切疮毒，破血消肿，排脓散风。

《分类草药性》：治崩症，牙痛。

《岭南采药录》：患喉蛾，取根捣汁含漱。

《民间常用草药汇编》：治带症。

（二）生长习性

玉簪性强健，耐寒冷，性喜阴湿环境，不耐强烈日光照射，要求土层深厚、排水良好且肥沃的砂质壤土。

玉簪属于典型的阴性植物，喜阴湿环境，受强光照射则叶片变黄，生长不良，喜肥沃、湿润的沙壤土，性极耐寒，中国大部分地区均能在露地越冬，地上部分经霜后枯萎，翌春宿萌发新芽。忌强烈日光暴晒。

（三）繁殖方法

1. 分株

春季发芽前或秋季叶片枯黄后，将其挖出，去掉根际的土壤，根据要求用刀将地下茎切开，最好每丛有 2～3 块地下茎和尽量多的保留根系，栽在盆中，这样利于成活，不影响翌年开花。

2. 播种

秋季种子成熟后采集晾干，翌春 3—4 月播种。播种苗第一年幼苗生长缓慢，要精心养护，第二年迅速生长，第三年便开始开花，种植穴内最好施足基肥。播种 2～3 年才能开花，家庭一般少用。

（四）栽培技术

1. 栽植

每年春天上盆或栽植。盆养每年春天换 1 次盆，地栽 3 年左右分栽次。新株栽植后放在遮荫处，待恢复生长后便可进行正常管理。盆土一般用腐殖、泥炭土或沙土。

2. 温度与光照

玉簪是较好的喜阴植物，露天栽植以不受阳光直射的遮阴处为好。室内盆栽可放在明亮的室内观赏，不能放在有直射阳光的地方，否则叶片会出现严重的日灼病。秋末天气渐冷后，叶片逐渐枯黄。冬季入室，可在 0～5℃的冷房内过冬，翌年春季再换盆、分株。露地栽培可稍加覆盖越冬。

3. 浇水与施肥

生长期每 7～10 天施 1 次稀薄液肥。春季发芽期和开花前可施氮肥及少量磷肥作追肥，促进叶绿花茂。生长期雨量少的地区要经常浇水，疏松土壤，以利生长。冬季适当控制浇水，停止施肥。

（五）病虫害防治

1. 斑点病

主要危害叶片，且多从老叶上叶尖或叶缘开始发病。初呈不渍汰褪绿小斑点，后逐渐扩大成半圆形至不规则形成片大斑，边缘青褐色，界限不太明显，中间呈灰白色，后期斑上密生黑色小粒点。严重时病斑会合连片，导致叶片枯黄。影响产量和质量。防治方法：加强管理，施足肥料，培育壮苗，防雨遮阴，定植后适时浇水，防止大水漫灌。加强棚室通风，降低温度。及时清除病残体。发病初期，及时摘除病叶，然后立即喷药防治，可用

1∶0.5∶200倍的波尔多液加0.1%硫磺粉，或65%代森锌可湿性粉剂500倍，或75%百菌清可湿性粉剂500～800倍，或50%代森铵800～1000倍，每5～7天喷1次，共喷2～3次。

2. 叶片发黄

玉簪栽培管理过程中常会出现叶片发黄现象，其主要原因有以下几种：干旱少水，浇水过量，施肥过多，光线太强。在管理中应予注意。

（六）采收

1. 花的采收和储藏

在7—8月份花似开非开时采摘，晒干。

2. 根茎的采收

秋后，当地上植株完全枯死后，小心地将根茎从土中挖出，在避雨通风处放置5～7天，再剪去叶片备用。

五、荆芥

荆芥（*Nepeta cataria* L.），俗名香荆荠、线荠、四棱秆蒿、假苏，是唇形科荆芥属多年生植物。荆芥为发汗、解热药，是中华常用草药之一，能镇痰、祛风、凉血。治流行感冒，头疼寒热发汗，呕吐。分布区域自中南欧经阿富汗，向东一直分布到日本，及美洲及非洲南部，国内产新疆、甘肃、陕西、河南、山西、山东、湖北、贵州、四川及云南等地。花期 7—9 月，果期 9—10 月。

荆芥有强烈香气，主要以鲜嫩的茎叶供作蔬菜食用。荆芥富含芳香油，以叶片含量最高，味鲜美，还可驱虫灭菌，生食熟食均可，但以凉拌为多，一般将嫩尖作夏季调味料，是一种经济效益高、很有发展前途的无公害、保健型辛香蔬菜。

（一）药用价值

性味：味辛；微苦；性微温。

归经：入肺、肝经。

功效：祛风；解表；透疹；止血。

主治：感冒发热；头痛；目痒；咳嗽；咽喉肿痛；麻疹；痈肿；疮疥；衄血；吐血；便血；崩漏；产后血晕。用于感冒，头痛，麻疹，风疹，疮疡初起。炒炭治便血，崩漏，产后血晕。解表散风，透疹，消疮，止血。

《本经》：主寒热，鼠瘘，瘰疬生疮，破结聚气，下瘀血，除湿痹。

《药性论》：治恶风贼风，口面歪邪，遍身顽痹，心虚忘事，益力添精。主辟邪毒气，除劳，治丁肿；取一握切，以水五升，煮取二升，冷分二服，主通利血脉，传送五脏不足气，能发汗，除冷风；又捣末和醋封毒肿。

《食性本草》：主血劳风气壅满，背脊疼痛，虚汗，理丈夫脚气，筋骨烦痛及阴阳毒，伤寒头痛，头旋目眩，手足筋急。

《日华子本草》：利五脏，消食下气，醒酒。作菜生热食并煎茶，治头风并汗出；豉汁煎治暴伤寒。

《本草图经》：治头风，虚劳，疮疥，妇人血风。

《滇南本草》：治跌打损伤，并敷毒疮。治吐血。荆芥穗，上清头目诸风，止头痛，明目，解肺、肝、咽喉热痛，消肿，除诸毒，发散疮痈。治便血，止女子暴崩，消风热，通肺气鼻窍塞闭。

《本草纲目》：散风热，清头目，利咽喉，消疮肿。治项强，目中黑花，及生疮，阴颓，吐血，衄血，下血，血痢，崩中，痔漏。

（二）生长习性

荆芥的适应力很强，性喜阳光，多生长在温暖湿润的环境中，对土壤要求不严，一般土壤都能种植，但以在疏松、肥沃的土壤上生长较好，高温多雨季节怕积水，短期积水会造成死亡。种子容易萌发，发芽对温度要求不严格，种子在15~20℃即可发芽，生长适温为20~25℃，幼苗能耐0℃左右的低温。荆芥耐高温，较耐寒，但-2℃以下会出现冻害，忌连作。

（三）繁殖方法

一般都用种子繁殖，在4月份播种。

（四）栽培技术

1. 整地

由于荆芥播种比较密，生长期施肥非常不便，所以土地选好后，应多施基肥，每亩可施用堆肥、厩肥或熏土等有机肥2000kg以上，重茬地要增施底肥，禁用硝态氮肥。将基肥均匀撒于地面后耕深25cm左右，深耕后，做成宽1.2m左右、高10cm的畦。畦做好后，为提高种子发芽率，应进行浇灌塌墒，待土壤干爽后，再进行浅翻。在翻地之前可撒施土壤处理颗粒剂，防止地下害虫对种子造成危害，影响发芽率。浅翻地不宜过深，5~6cm即可，整平后待播。

2. 浸种、播种

播种前应对种子进行筛选，拣出其中的杂质和已损伤的种子，然后用水浸泡12~24h，捞出后晾晒到通风干燥处。由于荆芥种子细小，为使播种更均匀，可等到种子表面无水时掺拌适量细沙或细土，种子与沙土的比例为3∶1，搅拌均匀后即可播种。在畦上用工具顺畦开沟，沟距20cm左右，沟深5cm左右。将种子撒入沟内，通常每亩地用种量为1kg左右。

播种后，盖土1~2cm厚，用脚稍踏实，再用铁耙耧平，使种子与土壤紧密接触。播后浇水，保持畦面土壤湿润，有利出苗。

3. 间苗定苗

当苗高6~10cm时，间去过密的弱苗、小苗。当苗高10~15cm时按株距10~15cm留苗2~3株进行定苗。

4. 中耕除草

当苗高5cm左右时，用小锄松土，划破地皮即可，防止伤根。幼苗期中耕要突出早、浅、细。早是指出苗后要及时进行中耕；浅是指中耕深度不能超过5cm，以防伤根、伤苗、跑墒；细是指中耕时做到深浅一致，土壤疏松细碎。

5. 施肥排灌

荆芥幼苗期需氮肥较多，为了促使秆壮穗多，也应适当追施磷、钾肥。当苗高15~20cm时，每亩追施尿素10~15kg、饼肥25~40kg。幼苗期应经常浇水，以利生长。成株后抗旱能力增强，可不再进行浇灌，但夏季久旱无雨，土壤含水量在8%以下，植株呈萎蔫状态时应进行轻浇水。每次浇水量不宜过大。荆芥在此时期最怕水涝，如雨水过多，应及时排掉田间积水，以免引起病害。

当苗高20~25cm时，加施氯化钾10kg，开沟施入，施后培土。

（五）病虫害防治

1. 根腐病

7—8月高温多雨，荆芥植株易发生真菌感染，感染后地上部迅速萎蔫，根、根茎变黑、腐烂。防治方法为注意排水，播前每hm^2用70%敌磺钠（敌克松）15kg处理土壤；发病初期用五氯硝基苯200倍液浇灌根际。

2. 立枯病

多发生在5—6月，低温多雨、土壤很潮湿时易发病，发病初期苗茎部发生水渍状小黑点，小黑点扩大后呈褐色，茎基部变细，倒伏枯死。防治方法：选用良种，加强田间管理，做好排水工作；遇低温多雨天气，要喷1∶1∶100比例的波尔多液，10天喷1次，连喷2~3次；发病初期用50%甲基硫菌灵1500倍液防治。

3. 茎枯病

茎枯病危害叶、茎、花穗，叶片染病后，似开水烫伤状，叶柄为水渍状病斑；茎部染病后，出现水渍状褐色病斑，后扩展成绕茎枯斑，造成上部茎叶萎蔫；花穗染病后，呈黄色，不能开花。防治方法为在发病初期，用50%多菌灵可湿性粉剂800倍液，或用50%甲基硫菌灵可湿性粉剂1000倍液喷雾防治，每隔7天喷1次，连喷3次。

4. 地老虎、蝼蛄、银纹夜蛾等

防治方法：栽植前用辛硫磷等进行土壤处理；蝼蛄可采用毒饵诱杀；地老虎和银纹夜蛾幼虫发生期喷苏云金杆菌乳剂、灭幼脲等，发生严重时喷洒菊酯类农药防治。

（六）采收

荆芥刚开花时，采收质量最好。一般为果穗 2/3 成熟，种 1/3 饱满，香气浓，在生产上要比正常采收时间提前 5 ~ 7 天采收，此时花盛开或开过花，穗绿色，将要结籽，此时采收的药材质量较好。选择晴天早晨露水刚过时，用镰刀割下，边割边运，不能在烈日下晒，在阴凉处阴干，干后捆成把为全荆芥，割下的穗为荆芥穗，余下的秆为荆芥梗，作种用的荆芥种子收后，秆也可药用，但质量差一些。

六、番红花

番红花（*Crocus sativus* L.），俗名藏红花，又称西红花，是属单子叶植物纲的鸢尾科多年生草本植物，具鳞茎，花为青紫色或紫红色。原产地在希腊、小亚细亚、波斯等地。番红花是经印度传入西藏，由西藏再传入中国内地。所以，人们把由西藏运往内地的番红花，误认为西藏所产，称做“藏红花”。中国在北京、河北、河南、上海、浙江有少量栽培，被列为珍稀名贵中药材。番红花具有很强的活血化瘀和散郁开结的功效，一直被用于临床，尤其在蒙药藏药的很多传统方剂中，都以番红花为主药，且多有良效。研究发现，番红花具有良好的抗癌活性，而且几乎无毒副作用，所以引起了人们的重视，特别是其抗癌活性和抗癌机理的研究使得藏红花素类物质很有可能成为未来理想的抗癌药物之一。

番红花叶丛纤细，花朵娇柔优雅，花色有白、紫、橙等，具特异芳香，是点缀花坛和布置岩石园的好材料，也可盆栽或水养供室内观赏。

番红花价格昂贵，药效突出，可做盆景，既有观赏价值，又有深刻的文化内涵。

（一）药用价值

性味：甘、微苦、性温，偏热。

归经：入心、肝经。

功效：调经、活血、祛瘀、止痛。

主治：用于清肝热、血瘀血滞、月经不调、产后恶露不尽、跌打损伤、内外出血、肺炎、身体衰弱、培元健身，是肝病良药。

《饮膳正要》：主心忧郁积，气闷不散，久食令人心喜。

《品汇精要》：主散郁调血，宽胸膈，开胃进饮食，久服滋下元，悦颜色，及治伤寒发狂。

《本草纲目》：活血，又治惊悸。

（二）生长习性

番红花性喜冷凉、湿润、耐半阴，喜光线、怕酷热，较耐寒，冬季不低

于 -10℃即可安全越冬；忌雨涝积水，喜排水畅通、疏松肥沃、腐殖质丰富的沙质土，pH 5.5 ~6.5。生长适温为15 ~25℃，夏季休眠。南方高温，适当遮阴能延长番红花的生长时间，利于球茎增重。

入秋后种植，深秋开花，花期为10—11月，至第二年的4月、5月间地上部分枯萎，整个生育期约为210天。

（三）繁殖方法

番红花无种子，靠球茎繁殖。在我国，多采用室内采花、大田繁殖球茎的方式。种球必须选择个头大而饱满、没有霉斑病斑的健壮球。

1. 露地法

种植期一般在8—10月份，宜早不宜迟。球茎按大、中、小三级分档种植，以利管理。小号球茎行距10 ~15cm，株距5cm左右，深5cm；中号球茎行距10 ~ 15cm，株距5 ~ 10cm，深10cm；大号球茎行距15cm，株距10 ~ 15cm，深10cm。下种时在畦内横开下种沟，将球茎主芽向上，轻压入沟内，盖土后浇水，次日再覆土1 ~2cm，以防干裂板结。

2. 室内法

番红花的花芽分化和孕蕾开花均在室内完成。5月中旬前后，番红花地上部分枯萎后，挖出球茎，齐顶端剪掉残叶，去除母球茎残体，随即移入室内，按大小分级，放入室内的匾架上。不需要埋土，将球茎芽嘴向上，平排放在匾内，球茎之间略有间隙即可。匾长1m，宽0.6m，高10 ~15cm，用竹木制均可。室内温度8月上旬以前以24 ~29℃为宜，有利于花芽和叶芽分化。相对湿度保持在80%以上。番红花开花适宜温度为15 ~18℃，从10月上旬末，室内最好保持15 ~18℃。10月下旬至11月上旬开花，将花及时采摘。

（四）栽培技术

1. 选地整地

要求地势高燥、冬季较暖、阳光充足、排水良好、疏松肥沃，含腐殖质的疏松沙壤土做畦。也可间作在阔叶、落叶林内。土壤要深翻20cm以上，每亩施厩肥2000 ~3000kg，磷肥或饼肥50kg，耕后耙平，做1.2 ~1.4m宽畦。长短依地形而定。

2. 球茎处理

番红花球茎上有主芽和侧芽。主芽开花，侧芽不开花。每个芽都可形成一个小球茎。母球茎能长6 ~15个小球茎。若不抹芽，则小球茎越来越多。8g以下球茎不开花，花的产量越来越低。为了保证来年高产，必须彻底剥除侧芽。一般球茎 20g 以下的留 1 个主芽，20 ~ 30g 的留 2 个主芽，30g 以上的留 3 个主芽。

3. 灌溉

番红花生长期正值少雨的冬春季，应特别注意灌水。种植后 20 天左右出苗，出苗前灌一次水，以利出苗。入冬前灌一次防冻水，以增加地温。4 月中旬浇一次水，以减轻干热风的危害。

4. 追肥

齐苗及花开终期，每亩施人粪尿 1500kg 或适量的化肥，以促进幼苗早发。12 月中下旬在畦面株间撒一层马粪，再覆压少量泥土，增加肥力和保温防冻。春季视幼苗长势确定追肥数量。从种球生根抽叶后，可每隔 10 天追施 1 次氮、磷均衡的稀薄液态肥。10 月开花后，应再追施 1 ~ 2 次氮、磷、钾均衡的速效肥，以利于球茎的生长发育，使球茎能为来年多开花、开好花贮藏足够的养分。

5. 除侧芽

齐苗后用小竹刀插入土中，剔除植株外圈的小侧芽，每株保留中央 2 ~ 4 丛较大叶丛，以利次年增收大球茎。为确保植株能开花多而旺，当发现植株上侧芽太多时，可将部分小芽掰去，以保证主芽能多开花、开大花。

6. 中耕锄草

在 2—4 月份球茎膨大迅速，应及时松土、锄草。

7. 排水

在番红花的生长发育过程中，一定要及时排去积水，特别是秋雨绵绵的季节更不能忽视，否则很容易形成苗床的积水，致使球茎腐烂，造成不应有的经济损失；若遇秋旱，还应给苗床松土浇水，保持土壤湿润为宜。

（五）病虫害防治

番红花主要病害是腐烂病，虫害是罗宾根螨。用杀菌剂与杀螨剂配成药液，球茎栽种前浸泡。一般用 25% 多菌灵 500 倍液与乐果 3000 倍液，两种药液混合，浸泡 20min 立即栽种。

（六）采收

9—10 月选晴天早晨采收花朵，摘下柱头，烘干，即为干番红花。

七、红景天

红景天（*Rhodiola rosea* L.），俗名蔷薇红景天，扫罗玛布尔（藏名）等，为景天科景天亚科多年生草本植物，分布于中国黑龙江、吉林、西藏及云南西北部、宁夏、甘肃、青海、四川等地，欧洲北部至苏联、蒙古、朝鲜、日本等地亦有分布。可作药用，能够补气清肺，益智养心，是一味作用广泛的中药。亦有很大的美容效果，可作护肤品，也可食用，还可盆栽，是家庭阳台项目之一。

（一）药用价值

性味：寒、甘、涩。

归经：肺经。

功能：有补气清肺、益智养心、收涩止血、散瘀消肿的功效。

主治：气虚体弱、病后畏寒、气短乏力、肺热咳嗽、咯血、白带腹泻、跌打损伤等。

《神农本草经》：轻身益气，不老延年，无毒多服，久服不伤人。能补肾，理气养血，主治周身乏力、胸闷等；还具有活血止血、清肺止咳、解热，并止带下的功效。

《四部医典》：性平、味涩、善润肺、能补肾、理气养血。主治周身乏力、胸闷、恶心、体虚等症。

《晶珠本草》：红景天活血清肺、止咳退烧、止痛，用于治疗肺炎、气管炎、身体虚弱、全身乏力、胸闷、难于透气、嘴唇和手心发紫。

《本草纲目》：红景天，本经上品，祛邪恶气，补诸不足，是已知补益药中所罕见。

《千金翼方》；景天味苦酸平，无毒。主大热大疮，身热烦，邪恶气，诸蛊毒痂庀，寒热风痹，诸不足，花主女人漏下赤白，清身明目，久服通神不老。

《中药大辞典》：性寒，味甘涩。活血止血，清肺止咳。治咳血，咯血，肺炎咳嗽。

《现代实用本草》：言其作用有七，即“一、中枢抑制作用。二、抗疲劳作用。三、强心作用。四、抗炎作用。五、抑制血糖升高作用。六、抗过氧化作用。七、抗微波辐射作用”。

（二）生长习性

红景天是生长在海拔1800～2500m高寒无污染地带的山坡林下或草坡上的珍稀野生植物，大多分布在北半球的高寒地带。由于其生长环境恶劣，如缺氧、低温干燥、狂风、受紫外线照射、昼夜温差大，因而具有很强的生命力和特殊的适应性。

（三）繁殖方法

1. 种子繁殖

育苗移栽法。种子细小，千粒重0.13～0.15g，适宜发芽温度15～20℃，贮存1年丧失发芽力。

2. 根茎繁殖

结合收获时，选取较大根茎，剪成3～5cm的小段，晾1～2天，使伤口愈合。春栽4—5月；秋栽9—10月，以秋栽为宜。按行珠距（20～25）cm×（10～15）cm，斜栽，覆土，稍加镇压。

（四）栽培技术

1. 选地

红景天一般野生于向阳山坡、石隙、高山草甸、高山岩石缝、山坡草地、灌丛边缘以及高山干燥的沙质土壤中。其适应性较强，喜稍冷凉而湿润的气候条件，耐寒耐旱，对土壤要求不十分严格，应选择海拔较高、气候冷凉、无霜期较短、夏季昼夜温差较大的山区栽培。

移栽地尽量选择排水良好、土壤含沙略多的山坡地、荒山坡地和非耕地，不宜于黏土、盐碱土、低洼积水地栽培。

2. 整地施肥

选地后深翻30～40cm，顺坡向作畦，畦宽100～120cm、高20～25cm，结合耕地，每hm^2施入厩肥或猪圈粪30000～50000kg，复合肥200～300kg，耙碎整平，可畦作，也可垄作。

3. 育苗

选新鲜成熟的红景天种子于春季或秋季播种，春播时间3月下旬至4月上旬，秋播在9月中旬至结冻之前。可用赤霉素加ABT生根粉浸种，能促使发芽及生根，出苗率达 70%。育苗可用温室或塑料大棚、室外阳畦。春播 4 月，秋播 10 月，以秋播为佳。条播或撒播。播后覆细土及盖草。经常保持苗床湿润，防止人畜践踏床面，阳光过强时要适当遮阴。培育 1 年。

4. 移栽

红景天幼苗生长 1 年后进行移栽，移栽时间在当年秋季地上部分枯萎之后或第二年春季返青之前。以春季移栽效果较好。一般在 3 月下旬至 4 月上旬幼苗尚未萌发时进行，先将幼苗全部挖出，按种栽大小分等移栽，栽植行距 20cm、株距 10 ~ 12cm，横畦开沟，沟深 10 ~ 12cm，将顶芽向上栽入沟内，盖土厚度以盖过顶芽 2 ~ 3cm 为宜，栽后稍加镇压，土壤过于干旱时栽后要浇水，每平方米栽大苗 50 株左右，小苗可栽 60 株。

（五）病虫害防治

病害主要发生在根茎繁殖苗的切口处，易形成根腐病。在定植前进行消毒灭菌即可预防。虫害主要有蚜虫和小红珠绢蝶等鳞翅目害虫，用环保型杀虫剂 3% 高渗苯氧威乳油 0. 025% ~0. 033% 溶液喷洒防治。

（六）采收

秋季地上部分枯萎后，先除去地上部枯萎茎叶，将地下部分挖出，去掉泥土，用水冲洗干净，在 60 ~ 70℃ 条件下烘干，或者将洗干净的药材上锅蒸 7 ~ 10min 之后，在阳光下晒干或在干燥室内烘干，待药材达到七八成干时，将根和根茎整顺取直，顶部对齐，数个根茎捆成小把，再烘至全干。

八、覆盆子

覆盆子（*Rubus idaeus* L.），俗名复盆子、乌藨子、小托盘，为蔷薇科植物悬钩子属华东复盆子的干燥果实。分布于江苏、浙江、安徽、福建、江西、广西等地。具有益肾固精缩尿、养肝明目之功效。常用于遗精滑精，遗尿尿频，阳痿早泄，目暗昏花。

覆盆子具有很高的观赏价值，亦可盆栽，是家庭阳台项目之一。

（一）药用价值

性味：味甘、酸，性温。

归经：归肝、肾、膀胱经。

功效：益肾固精缩尿，养肝明目。

主治：用于遗精滑精，遗尿尿频，阳痿早泄，目暗昏花。

《本草通玄》：覆盆子，甘平入肾，起阳治痿，固精摄溺，强肾而无燥热之偏，固精而无疑涩之害，金玉之品也。

《本草正义》：覆盆子为滋养真阴之药，味带微酸，能收摄耗散之阴气而生精液，故寇宗奭谓益肾缩小便，服之当覆其溺器，语虽附会，尚为有理。

《本经》：主安五脏，脏者阴也。

《名医别录》：益气轻身，令发不白。

（二）生长习性

覆盆子生于低海拔至中海拔地区，在山坡、路边阳处或阴处灌木丛中常见，对土壤的要求不严格，但适于在土质疏松、含水量充足、含腐殖质多并且排水良好的壤土或沙壤土上生长。在北方栽植冬季须采取防寒措施，以避免发生冻害。高温对其也有危害。每日要求有 6～9h 的日照时间。对水分状况很敏感，既不抗旱也不耐涝。

（三）繁殖方法

因种子繁殖较慢，一般采用无性繁殖。

1. 根蘖繁殖

覆盆子地下茎段每年都萌发出一定数量的根蘖苗，几年以后由一株变为一丛。于秋末至早春覆盆子休眠期挖取母株，将根系及地上顶端部分枝条适当修剪后，分成若干株，假植或定植。

2. 埋根繁殖

利用挖根蘖苗时修剪下来的粗 0.6cm 的侧根，截成长 10cm 左右的根段，插入苗床，当年即可生根发芽。培育 1 年后，带根挖出，另行定植。

3. 扦插繁殖

在早春未萌芽前剪取一年生枝条，或在秋末剪取后翌春扦插。为使插条粗壮，可于剪枝前几天摘去顶芽，以促进嫩枝充实，有利成活。将枝条剪成长 15 ~ 20cm 的插条，插条一端最好用 500mg/L 的萘乙酸快速处理 10s。然后按行株距 10cm × 5cm 插入苗床，在苗床上覆膜保温，保持土壤湿润。苗高 50cm 即可出圃定植。

4. 压条繁殖

选择 4 ~ 8 年生、已经开花、生长健壮的植株作母株，在 8 月份将近地面的一年生枝条压入土中，枝条入土部分割伤，能长出新梢和不定根，第二年春季可将压条长出的幼苗截离母体，另行栽植。

（四）栽培技术

1. 选地整地

按生长习性选好地块，另外田头沟边及荒坡等闲置地块均可种植。每亩施腐熟农家肥 2000kg，翻入地中，整平耙细，高畦备用。

2. 定植

覆盆子在春、夏、秋均可栽植，以落叶前秋植成活率高。栽培方法有带状法和单株法。带状法行株距（2 ~ 2.5）m × 0.5m，每穴移栽壮苗 2 ~ 3 株，使之逐渐形成宽 30 ~ 60cm 的带。单株法行株距（1.5 ~ 2.0）m × 0.5m，每穴移栽壮苗 1 株。栽时在整好的地上，挖宽深各 30 ~ 40cm 的穴，每穴施入杂肥 5kg 与底土拌后，按不同方法栽苗。填细土压实，浇定根水。栽前可把幼苗剪成长 15 ~ 20cm 的短桩，以减少蒸发面，并刺激剪口下发出健壮新梢。

3. 田间管理

（1）中耕除草　移栽成活 1 ~ 2 年内，每年中耕除草 3 ~ 4 次。

（2）搭架引缚　覆盆子枝条柔软，常因果实的重压下垂到地面，弄脏果实，影响质量和产量。下垂枝条彼此遮蔽，不易管理和导致通风透光不良。应在 4 月下旬设立支架引缚枝条。具体方法有：

单柱引缚法　在靠近株丛地方立一根支柱（高度视株大小而定），将枝条绑在支柱上。

双柱引缚法　在株丛之间竖立两根支柱，把相邻两株丛的各一半枝条绑扎在两根柱子上，这种引缚法枝条受光通气好，便于管理，产量高。

篱架引缚法　适于带状配置地块。在带内隔5m设一立柱，在其上牵引3道铁丝，把枝条均匀绑在铁丝上。

（3）追肥　每年早春萌发后及幼果期都要结合中耕除草追肥。春、夏、秋施用腐熟的人畜粪水或硫酸铵、尿素等氮肥。冬季施用腐熟的厩肥或堆肥、火灰等。方法是在行间开沟，沟深20cm左右，施后盖土。

（4）修剪整形　分春剪、夏剪和秋剪。春剪结合搭架引缚枝条进行。剪去顶部细弱、干枯部分，促进下部侧芽萌发出强壮的结果枝。同时，剪去基部的断枝、过密枝、病枝，保留7～9个粗壮枝条。夏剪，当萌发的基生枝长到30cm时，每株保留12～15个均匀分布的健壮枝条，剪除其余枝条，对保留下来的基生枝要进行摘心。秋剪在果实采完后，结果枝开始干枯时进行，剪去结果后的枯枝，病、弱枝，疏剪生长过密、影响通风透光的密枝，以减少不必要的养分消耗，提高来年果实产量。

（5）排灌水　若遇干旱天气或雨水过多时，均会导致大量落花、落果等现象，应及时做好排灌水工作。

（五）病虫害防治

1. 茎腐病

茎腐病是危害覆盆子树基生枝的一种严重病害。一般发生在新梢上，先从新梢向阳面距地面较近处出现一条暗灰色的似烫伤状的病斑，长1.5～5.5cm，宽0.6～1.2cm。病斑向四周迅速扩展，病部渐变褐色，病斑表面出现许多大小不等的小黑点，木质部变褐坏死，随病部扩展，叶片、叶柄变黄，枯萎，严重时整株枯死。防治方法：

（1）秋季清扫园地，将病枝剪下集中烧毁，消除病原；

（2）在5—8月份可喷药防治。5月中旬、7月的发病初期分别在易发病的品种上喷布甲基托布津500倍液或40%乙磷铝500倍液或福美双500倍药液。

2. 白粉病

感病叶片覆有一层白色粉状物，从而引起叶片扭曲变形或变卷缩，有时叶片并不显现白色粉状物，而表现叶片有水浸状斑点。严重时新梢生长矮化，果实有时也受侵染。防治方法：

（1）入冬防寒前清扫园地，将病叶及病枝集中烧毁，消除病原；

（2）早春发芽前、开花后及幼果期，喷布70%甲基托布津可湿性粉剂1000倍液，或25%粉锈宁可湿性粉剂1000～1500倍液，或50%硫悬浮剂200～300倍液。

3. 柳蝙蝠蛾

柳蝙蝠蛾是危害覆盆子的主要害虫，严重影响覆盆子第二年的产量。

柳蝙蝠蛾幼虫多为7月上旬开始蛀入新梢，一般蛀入口距地面40～60cm，多向下蛀食，幼虫经常出来啃食蛀孔外边的韧皮部，大多环食一周，咬碎的木屑、粪便用丝粘在一起，环枝缀连一圈，经久不落，易于发现与鉴别，被害枝极易折断而干枯死亡。防治方法：

（1）在8月下旬成虫羽化前剪除被害枝梢；

（2）植株越冬埋土防寒的覆盆子园可减轻此虫的发生；

（3）发生严重的覆盆子园，可在5月下旬至6月上旬初龄幼虫活动期，地面喷布2.5%溴氰菊酯2000～3000倍液。

4. 穿孔蛾

幼虫在展叶期爬上新梢，蛀入芽内，食尽芽的内部，而后又钻入覆盆子新梢内，新梢被害而很快死亡。成虫于花期羽化，傍晚在花内产卵，幼虫最初食害浆果，但不久转移至植株基部越冬。防治方法：

（1）秋季清扫园地，将剪下的结果母枝集中烧掉；

（2）早春展叶期喷80%敌敌畏1000倍液，或2.5%溴氰菊酯3000倍液杀死幼虫。

5. 蛀甲虫

成虫通常在春季开始食害嫩叶，并咬入花蕾，取食雄蕊和蜜腺，被害花蕾脱落或者变为畸形果。

成虫在花内产卵，经过8～10天孵化幼虫，随即钻入果内食害，被害浆果重量减轻，容易腐烂。防治方法：

（1）发生严重的覆盆子园，在4月下旬成虫出土期进行地面施药，2.5%敌百虫粉剂0.4kg加25kg细砂；

（2）发生较轻的覆盆子园可采用人工防治，在成虫开始危害花时，可振摇结果枝，使成虫落在适当容器内，集中销毁；

（3）及时收集被害果实，并把脱果幼虫收集后销毁。

（六）采收

覆盆子的果期为7—11月，应从立夏开始，当覆盆子的果实已发育饱满尚呈绿色未成熟时分批采收，除尽花托、梗叶及其它杂质等，用开水烫2～3min，摊晒干燥即可。覆盆子的叶和根也可供药用。叶在11月最后一批果实采收后剪下，根可在根蘖繁殖分株时，或栽后4～5年轮流适当部分采挖，切成6～10cm长的短节，晒或烘干即可。

九、曼陀罗花

曼陀罗花（*Datura stramonium* L.），俗名醉心花、狗核桃、洋金花、枫茄花、万桃花等，为茄科曼陀罗属草本植物，原产印度，花期5—9月，果期6—10月，花色有紫、红、蓝、白、粉、黑多种，我国常见种有曼陀罗、毛曼陀罗、白花曼陀罗三种，花均为白色或微带淡黄绿色，单瓣。曼陀罗花与石蒜有本质区别，分属不同科、属。

曼陀罗花极具观赏价值。但因其花朵有一定毒性，因此做室内栽培时，要切记防止误食。

（一）药用价值

曼陀罗花不仅可用于麻醉，而且还可用于治疗疾病。

叶、花、籽均可入药，味辛性温，有大毒。花能去风湿，止喘定痛，可治惊痫、寒哮，煎汤洗治诸风顽痹及寒湿脚气。花瓣的镇痛作用尤佳，可治神经痛等。叶和籽可用于镇咳镇痛。由于曼陀罗花有毒，国家限制销售，特需时必经有关医生处方定点控制使用。

（二）生长习性

曼陀罗花的适应性较强，喜温暖、湿润、向阳环境，怕涝，对土壤要求不甚严格，一般土壤均可种植，但以富含腐殖质和石灰质的土壤为好。种子容易发芽，发芽适温15℃左右，发芽率约40%，从出苗到开花约60天，霜后地上部枯萎，温度低于2℃时，全株死亡，年生育期约200天。

（三）繁殖方法

种子繁殖。

（四）栽培技术

1. 选地、整地

选向阳、肥沃、排水良好的土地，冬前耕翻30cm，结合耕翻每亩施入圈肥或土杂肥2000kg，整细耙平，做成1.5m宽的平畦。

2. 播种

于4月上旬，在畦上按株行距60cm×50cm，开3cm深的穴，将种子撒入，每穴5~6粒，覆土1cm，稍压，保湿。每亩用种量约1kg。若育苗移栽，宜5月下旬，移栽定植。

3. 中耕除草、培土

生长期中耕除草2~3次，浅锄表土，兼在茎秆基部培土，以防茎秆倒伏。

4. 适时间苗、定苗

6月上旬，苗高8~10cm时间苗，间去弱苗，每穴留2株，高约15cm时定苗，每穴留1株。

5. 定期追肥

定苗后每亩施尿素10kg，拌水浇入。

（五）病虫害防治

1. 黑斑病

危害叶片，病斑近圆形，直径2~14mm，初为淡褐色，逐渐变为灰褐色，最后变成褐色，具有同心轮纹，空气潮湿时病斑上生出淡黑色霉状物，严重时病斑连片，局部枯死，并可危害蒴果。防治方法为秋季清园，烧掉病株残体，减少菌源。也可在发病初期喷洒75%的百菌清500~600倍液或复方百菌清500倍液。

2. 28星瓢虫

成虫、幼虫食害曼陀罗的叶片，被害叶片仅留叶脉及上表皮，形成许多不规则的透明凹纹后变成褐色斑痕，过多会导致叶片枯萎。防治方法：

（1）人工捕捉成虫　利用成虫的假死习性，用盆盛接敲打植株使之坠落；

（2）人工摘除卵块　雌虫产卵集中成群，颜色鲜艳，极易发现，易于摘除；

（3）要在幼虫分散前施药　可用50%辛硫磷乳剂1000倍液，或40%菊杀乳油3000倍液，或2.5倍溴氰菊酯乳油3000倍液喷杀。

（六）采收

曼陀罗的花、叶、种子均含有生物碱，含量以花期为最高，如果摘去花蕾，则可使叶中生物碱含量增高约一倍。所以曼陀罗的采收时间一般在花含苞待放时，于清晨摘花冠或带蒂摘下，暴晒八成干，捆成小把，再晒至全干。

十、芫花

芫花（*Daphne genkwa* Sieb. ＆ Zucc.），俗名药鱼草、老鼠花、闹鱼花、头痛花、闷头花、石棉皮、泡米花、泥秋树、黄大戟、蜀桑等，为瑞香科瑞香属多年生木本植物，分布中国、日本，我国河北、山西、陕西、甘肃、山东、江苏、安徽、浙江、江西、福建、台湾、河南、湖北、湖南、四川、贵州等省均有种植。既为中草药，也为园林观赏植物。花期3—5月，果期6—7月。因其花、根皮中有毒，因此不宜做室内栽培。

（一）药用价值

性味：辛苦，温。

花：苦、辛，寒；有毒。

根皮：辛、苦，平；有毒。

归经：归肺、脾、肾经。

功能：逐水，涤痰。

主治：治痰饮癖积，喘咳，水肿，胁痛，心腹症结胀满，食物中毒，疟母，痈肿。

芫花的花蕾药用，为治水肿和祛痰药。

陶弘景：芫花，用之微熬，不可近眼。

《本草纲目》：芫花留数年陈久者良。用时以好醋煮十数沸，去醋，以水浸一宿，晒干用，则毒灭也，或以醋炒者次之。

《本经》：主咳逆上气，喉鸣喘，咽肿短气，鬼疟，疝瘕，痈肿。

《名医别录》：消胸中痰水，喜唾，水肿，五水在五藏皮肤及腰痛，下寒毒、肉毒。

《药性论》：治心腹胀满，去水气，利五脏寒痰，涕唾如胶者。主通利血脉，治恶疮风痹湿，一切毒风，四肢挛急，不能行步，能泻水肿胀满。

《日华子本草》：疗嗽，瘴疟。

《本草纲目》：治水饮痰辩，胁下痛。

《本草原始》：煎汁渍丝线，系痔易落，（并能）系瘤。

（二）生长习性

芫花生于海拔300～1000m，宜温暖的气候，性耐旱怕涝，以肥沃疏松的砂质土壤栽培为宜。

（三）繁殖方法

1. 种子繁殖

播种期为10月下旬至11月上旬，按行距30cm开条沟，将种子均匀播下，覆土压实，至明春发芽。出苗后注意间苗除草，每年追肥2～3次，经2～3年移栽。

2. 分株繁殖

早春3月间，挖取老根，分株按行株距30cm×40cm开穴，每穴栽种1株，覆土压实。

（四）栽培技术

芫花的栽培技术比较简单，定植前进行精细整地，施足底肥。按上述行株距定植后，每年要中耕除草3～4次。春、秋两季各追肥1次，春季追肥要早，秋季追肥结合壅根。夏、冬两季可分别间种玉米和蔬菜。

（五）病虫害防治

芫花的主要虫害为天牛，其防治方法为：清明节和秋分节前后检查树体，发现有新鲜虫粪处，用铁丝掏净洞孔内的木屑状虫粪后，用脱脂棉蘸药塞入虫孔内，也可用注射器（不带针头）注入药液。常用药剂有80%敌敌畏乳油5～10倍液（蘸药）、20倍液（注射），或40%乐果乳油5倍液（蘸药）、10倍液（注射），用完药后封塞洞孔。

（六）采收

春季花未开放前采摘，拣去杂质，晒干或烘干。

十一、栝楼

栝楼（*Trichosanthes kirilowii* Maxim.），俗名瓜蒌、瓜楼、药瓜，根中药名天花粉，果中药名栝楼实，果皮中药名栝楼皮，种子中药名栝楼仁，为葫芦科栝楼属多年生攀缘草本植物，蔓长可达10m。花期5—8月，果实近球形，熟时橙红色，果期8—10月。国外分布于朝鲜、日本、越南和老挝。国内分布于华北、中南、华东及辽宁、陕西、甘肃、四川、贵州、云南。

（一）药用价值

性味：性寒，味甘、苦。

归经：肺、胃、大肠。

功能：润肺，化痰，散结，润肠。

主治：治痰热咳嗽，胸痹，结胸，肺痿咳血，消渴，黄疸，便秘，痈肿初起。

栝楼还有解热止渴、利尿、镇咳祛痰等作用。

《本草衍义补遗》：栝楼实，《本草》言治胸痹，以味甘性润，甘能补肺，润能降气。胸有痰者，以肺受火逼，失降下之令，今得甘缓润下之助，则痰自降，宜其为治嗽之要药也。又洗涤胸膈中垢腻，治消渴之神药也。

《本草纲目》：张仲景治胸痹痛引心背，咳唾喘息，及结胸满痛，皆用栝楼实，乃取其甘寒不犯胃气，能降上焦之火，使痰气下降也。成无己不知此意，乃云苦寒以泻热，盖不尝其味原不苦，而随文附会尔。

《本草述》：栝楼实，阴厚而脂润，故于热燥之痰为对待的剂，若用之于寒痰、湿痰、气虚所结之痰，皆无益而有害者也。

《本经逢原》：栝楼实，其性较栝楼根稍平，而无寒郁之患。

《重庆堂随笔》：栝楼实，润燥开结，荡热涤痰，夫人知之；而不知其舒肝郁，润肝燥，平肝逆，缓肝急之功有独擅也，（魏）玉璜先生言之最详。

《本草便读》：瓜蒌，性味与花粉相同，惟润降之功过之。故凡上焦郁热，垢腻痰火咳嗽等证，皆可用之。一切肺痈、肠痈、乳痈之属火者，尤为相宜。

《本草思辩录》：栝楼实之长，在导痰浊下行，故结胸胸痹，非此不治。

然能导之使行，不能逐之使去，盖其性柔，非济之以刚，则下行不力。是故小陷胸汤则有连、夏，栝楼薤白等汤则有薤、酒、桂、朴，皆伍以辛苦迅利之品，用其所长，又补其所短也。

《医学衷中参西录》：栝楼，能开胸间及胃口热痰，故仲景治胸结有小陷胸汤，栝楼与连、夏并用；治胸痹有栝楼薤白等方，栝楼与薤、酒、桂、朴诸药并用。若与山甲同用，善治乳痈；若与赭石同用，善止吐衄；若但用其皮，最能清肺、敛肺、宁嗽、定喘；若但用其瓤，最善滋阴、润燥、滑痰、生津；若但用其仁，其开胸降胃之力较大，且善通小便。

《本草正义》：蒌实入药，古人本无皮及子仁分用之例，仲景书以枚计，不以分量计，是其确证。盖蒌实能通胸膈之痹塞，而子善涤痰垢粘腻，一举两得。

（二）生长习性

栝楼常生长于海拔 200 ~ 1800m 的山坡林下、灌丛中、草地和村旁田边，在自然分布区广为栽培。喜温暖潮湿气候。较耐寒，不耐干旱。选择向阳、土层深厚、疏松肥沃的砂质壤土地块栽培为好。不宜在低洼地及盐碱地栽培。

（三）繁殖方法

1. 分根繁殖

3 月中下旬挖取 3 ~ 5 年生断面白色新鲜的健壮雌株的老根，分成 7 ~ 10cm 的小段，穴栽，浇足水，约 10 余天出苗，每年结合中耕施追肥 2 ~ 3 次。

2. 种子繁殖

9—10 月采收果实，待果皮稍软，取出种子以草木灰拌种擦去果肉，干藏过冬；亦可带果梗悬挂于通风处。

冷床育苗在早春进行，将种子尖头插入土中，常喷水保持苗床湿润，待种子萌动时，开始通气，床温控制在 22℃左右，约 10 天后出土，见真叶伸出即可上盆或分栽培育。

（四）栽培技术

直播在 4 月进行，选择土壤肥沃、排水良好之地，开穴施足基肥，穴距 30cm ×40cm，覆土后点播种子，再盖厚 2cm 土，约半个月出土，当有真叶 2 片时每穴留苗 1 株。

栽种后，每年春、冬季各中耕除草 1 次。每次中耕除草后，均结合施肥。当茎蔓生长至 30cm 以上时，需搭棚架引蔓上架。茎蔓上架后，注意修枝打杈，去掉弱蔓、徒长茎蔓、过多腋芽分枝，促使养分集中，以利结果。开花结果期应进行人工授粉，重施基肥。

（五）病虫害防治

1. 黄守瓜

成虫 5 月开始咬食叶片，幼虫蛀食根部，幼虫期可用 30 倍烟碱水灌根。

2. 透翅蛾

6 月开始蛀食茎蔓，引起整枝枯死。防治以农业措施和人工捕捉幼虫为主，化学防治为辅。

农业措施，在土壤封冻前或早春刨栝盘，破坏栝楼透翅蛾幼虫茧适生环境，降低越冬或越冬后幼虫茧存活，压低当年虫源基数。

人工捕捉幼虫，当栝楼茎蔓出现黏胶状分泌物时，人工拔去胶瘤捕捉幼虫，并将捕捉的幼虫捏死，可显著降低栝楼田幼虫越冬基数。

化学防治，6 月中旬，成虫羽化高峰期间用 1～1.5kg 煤油加 80% DDV 乳油涂株茎蔓，阻止成虫产卵，或用 80% DDV 乳油 800 倍液在早晨成虫活动能力较弱时喷洒茎叶，杀死成虫以减少产卵量。幼虫孵化前或幼虫钻蛀茎蔓前，用 90% 晶体敌百虫 200 倍液或 50% 辛硫磷乳油 1500 倍液喷晒茎叶，药剂加适时糖效果更佳，连喷 2～3 次。9 月中下旬，在栝楼四周浇 50% 辛硫磷 800 倍液，防治落地入土越冬幼虫。

3. 瓜蚜

危害幼嫩心叶。可采用 10% 吡虫可湿性粉剂 2500 倍液、20% 灭扫利乳油 2000 倍液喷雾进行防治。

（六）采收

栝楼栽后 2～3 年开始结果，因开花期较长，果实成熟不一致，需分批及时采摘。然后将果实悬于通风处晾干，即为全栝楼。将鲜栝楼果实用刀切开，将种子取出晾干，即为栝楼种子，皮为栝楼皮，将根挖出晒干即为天花粉。

十二、凤仙花

凤仙花（*Impatiens balsamina* L.），俗名指甲花、急性子、凤仙透骨草，为无患子目凤仙花科凤仙花属一年生草本植物，系著名中药。原产印度、马来西亚和中国，中国南北各地均有栽培，作为药材主产于江苏、浙江、河北、安徽等地。全株分根、茎、叶子、花、果实和种子六个部分。因其花头、翅、尾、足俱翘然如凤状，故又名金凤花。花颜色多样，有粉红、大红、紫色、粉紫等多种颜色。

凤仙花极具观赏价值，我国各地庭园广泛栽培，为常见的观赏花卉。凤仙花如鹤顶、似彩凤，姿态优美，妩媚悦人。香艳的红色凤仙和娇嫩的碧色凤仙都是早晨开放，是欣赏凤仙花的最佳时机。凤仙花因其花色、品种极为丰富，是美化花坛、花境的常用材料，可丛植、群植和盆栽，是家庭养花之一，也可作切花水养。

凤仙花还可食用，其嫩叶焯水后可加油盐凉拌食用。

（一）药用价值

以根、茎、花及种子入药。中药名：根：凤仙根；茎：凤仙透骨草；花：凤仙花。

性温、味微苦，有小毒。有软坚、消积之效，用于治噎膈、骨鲠咽喉、腹部肿块、活血行瘀、主治妇女闭经。

性味：

根：苦、辛，平。

茎：苦、辛，温，小毒。

花：甘、苦，微温。

种子：辛、苦，温，小毒。

功能：

根：活血止痛，利湿消肿。

茎：祛风湿，活血止痛，解毒。

花：祛风除湿，活血止痛，解毒杀虫。

种子：行瘀降气，软坚散结。

《滇南本草》：治小儿脓耳。

《本草纲目》：活血消积。治蛇伤，腰胁引痛。

《本草求原》：治偏废。

《天宝本草》：治鼻血不止。

《西藏常用中草药》：通经活血，利尿，治经闭腹痛，产后瘀血不尽，下死胎，小便不利，疔毒痈疽。

《本草汇言》：凤仙花，活血气，利筋脉之药也。

（二）生长习性

凤仙花生存力强，适应性好，性喜阳光，怕湿，耐热不耐寒。喜向阳的地势和疏松肥沃的土壤，在较贫瘠的土壤中也可生长。

（三）繁殖方法

种子繁殖。繁殖培育凤仙花用种子繁殖。3—9 月进行播种，以 4 月播种最为适宜，这样 6 月上、中旬即可开花，花期可保持两个多月。

（四）栽培技术

1. 选地与整地

以阳光充足、土质湿润、肥沃、疏松及排水良好的土壤为宜。施基肥、整地做畦，南方做高畦，北方做平畦，畦宽 1. 2m。

2. 播种

直播。行距 35cm，开 1cm 的浅沟，将种子均匀撒入沟内，覆土后稍加镇压，随后浇水。播后保持土壤湿润，温度 25℃ 左右时约 5 天开始出苗。每亩用种量 500g。

苗高 5 ~ 10cm 时间苗，将细小、纤弱、过密的苗间去，并按 20cm 株距定苗。

3. 育苗移栽

将种子撒播在培养土上，轻加覆土约 0. 3cm，5 ~ 6 天后发芽，真叶 3 ~ 4 片即可定植于花盆或花坛，株距 30cm。

4. 花期控制

如果要使花期推迟，可在 7 月初播种。也可采用摘心的方法，同时摘除早开的花朵及花蕾，使植株不断扩大，每 15 ~ 20 天追肥 1 次。9 月以后形成更多的花蕾，使它们在国庆节开花。

5. 中耕除草

出苗后防止杂草争夺水分，应适时松土除草。天旱时及时浇水。1 年中耕除草 2 ~ 3 次。

6. 追肥

苗高 30 ~ 40cm 时，可把茎下部的老叶去掉，摘去顶尖，促其多分枝。此时，每亩施饼肥 40kg，可顺行开沟，把肥料撒入沟内，覆土，浇水。高温多雨季节注意排水。

（五）病虫害防治

1. 白粉病

该病主要危害叶片，也可蔓延至嫩茎、花、果。感病的叶片最初在叶表面上出现零星不规则状的白色粉块，随着病害的发展，叶面逐渐布满白色粉层。防治方法为加强栽培管理，种植密度要适当；及时拔除病株，清除病叶并集中烧毁；发病期间用 25% 粉锈宁可湿性粉剂 2000 ~ 3000 倍液，或 70% 甲基托布津可湿性粉剂 1000 ~ 1200 倍液，或 25% 多菌灵可湿性粉剂 500 倍液喷施。

2. 褐斑病

病害主要发生在叶片上。叶面病斑初为浅黄褐色小点，后扩展成圆形或椭圆形，以后中央变成淡褐色，边缘褐色，具有不明显的轮纹。防治方法为秋末应将病叶、病株集中销毁，减少来年传染源；发病初期用 25% 多菌灵可湿性粉剂 300 ~ 600 倍液，或 50% 甲基托布津 100 倍液，或 75% 百菌清 1000 倍液防治。

3. 立枯病

病菌主要侵染根茎部，致病部变黑或缢缩，潮湿时其上生白色霉状物。防治方法，在发病初期拔除病株后喷洒 75% 百菌清可湿性粉剂 600 倍液，或 60% 多 · 福可湿性粉剂 500 倍液、20% 甲基立枯磷乳油 1200 倍液。

4. 轮纹病

轮纹病危害凤仙花叶，使叶周围产生周缘深褐色的大型圆病斑。病斑表面有明显的同心轮纹。防治方法，在发病初期开始喷药，每隔 7 ~ 10 天喷 1 次，连喷 2 ~ 3 次。常用药剂有：50% 福美双可湿性粉剂 800 倍液；65% 代森锌可湿性粉剂或 75% 百菌清可湿性粉剂 600 倍液；50% 多菌灵可湿性粉剂 1000 倍液等。

5. 天蛾虫害

主要以幼虫啃食叶片，造成叶片残缺不全，发生严重时，也啃食花朵。

防治方法为注意消灭土中越冬虫蛹；幼虫危害期，可选用20%菊杀乳油2000倍液或90%敌百虫原药或50%杀螟松乳油1000～1500倍液进行防治。

（六）采收

根：秋季采挖根部，洗净，鲜用或晒干。

茎：夏秋间植株生长茂盛时割取地上部分，除去叶及花果，洗净，晒干。

花：夏、秋季开花时采收，鲜用或阴、烘干。

种子：8—9月当蒴果由绿转黄时，要及时分批采摘，否则果实过熟就会将种子弹射出去，造成损失。将蒴果脱粒，筛去果皮杂质，即得药材凤仙花。

十三、黄芩

黄芩（*Scutellaria baicalensis* Georgi），俗名山茶根、土金茶根，是唇形科黄芩属多年生草本植物，俄罗斯东西伯利亚、蒙古、朝鲜、日本均有分布，中国北方多数省区都可种植，产于黑龙江、辽宁、内蒙古、河北、河南、甘肃、陕西、山西、山东、四川等地。花果期7—9月。河北承德、内蒙古赤峰等几个最具规模的主产区，是中国北方野生中药材的主要产地之一。

（一）药用价值

性味：苦，寒。

归经：入心、肺、胆、大肠经。

功能：泻实火，除湿热，止血，安胎。

主治：壮热烦渴，肺热咳嗽，湿热泻痢，黄疸，热淋，吐、衄、崩、漏，目赤肿痛，胎动不安，痈肿疔疮。

《本经》：主诸热黄疸，肠澼，泄利，逐水，下血闭，（治）恶疮，疽蚀，火疡。

《名医别录》：疗痰热，胃中热，小腹绞痛，消谷，利小肠，女子血闭，淋露下血，小儿腹痛。

陶弘景：治奔豚，脐下热痛。

《药性论》：能治热毒，骨蒸，寒热往来，肠胃不利，破壅气，治五淋，令人宣畅，去关节烦闷，解热渴，治热腹中㽲痛，心腹坚胀。

《日华子本草》：下气，主天行热疾，疔疮，排脓。治乳痈，发背。

《珍珠囊》：除阳有余，凉心去热，通寒格。

李杲：治发热口苦。

《滇南本草》：上行泻肺火，下行泻膀胱火，（治）男子五淋，女子暴崩，调经清热，胎有火热不安，清胎热，除六经实火实热。

《本草纲目》：治风热湿热头疼，奔豚热痛，火咳，肺痿喉腥，诸失血。

《本草正》：枯者清上焦之火，消痰利气，定喘嗽，止失血，退往来寒热，风热湿热，头痛，解瘟疫，清咽，疗肺痿肺痈，乳痈发背，尤祛肌表之热，故治斑疹、鼠瘘，疮疡、赤眼；实者凉下焦之热，能除赤痢，热蓄膀胱，五淋涩痛，大肠闭结，便血、漏血。

《科学的民间药草》：外洗创口，有防腐作用。

黄芩的根入药，味苦、性寒，有清热燥湿、泻火解毒、止血、安胎等功效。

（二）生长习性

黄芩野生于山顶、山坡、林缘、路旁等向阳较干燥的地方。喜温暖，耐严寒，成年植株地下部分在 -35℃低温下仍能安全越冬，35℃高温不致枯死。耐旱怕涝，地内积水或雨水过多，生长不良，重者烂根死亡。土壤以壤土和沙质壤土为好，酸碱度以中性和微碱性为好。

（三）繁殖方法

1. 种子繁殖

（1）直播法　直播多于春季进行，一般在地下 5cm，地温稳定在 12 ~ 15℃时播种，北方地区多在 4 月上中旬前后。

（2）育苗移栽法　育苗移栽法可节省种子，延长生长时间，利于确保全苗，但较为费工，同时移栽黄芩主根较短，根叉较多，商品外观品质差，一般在种子昂贵或者旱地缺水、直播难以出苗保苗时采用。

2. 扦插繁殖

扦插在生产中很少采用。扦插时间以春季 5—6 月份扦插成活率高。插条应选茎尖半木质化的幼嫩部分，扦插成活率可达 90% 以上。

3. 分根繁殖

即挖取洞未萌发的 3 年生黄芩根茎，切取主根留供药用，然后根据根茎生长的自然形状分切成若干块，每块有芽眼 2 ~ 3 个即可栽种。分根繁殖虽然生长快，但繁殖系数太低，生产中很少采用。

（四）栽培技术

1. 间苗定苗

采取种子直播时，当幼苗长到 4cm 高时要间去过密和瘦弱的小苗，按株距 10cm 定苗。育苗地不必间苗。

2. 中耕除草

幼苗出土后，应及时松土除草，并结合松土向幼苗四周适当培土，保持疏松、无杂草，一年需要除草 3 ~ 4 次。

3. 施肥灌溉

苗高10～15cm时，追肥1次，施用量为每亩用人畜粪水1500～2000kg。6月底至7月初，每亩追施过磷酸钙20kg、尿素5kg，行间开沟施下，覆土后浇水。次年收获的待植株枯萎后，于行间开沟每亩追施腐熟厩肥2000kg、过磷酸钙20kg、尿素5kg、草木灰150kg，然后覆土盖平。

黄芩耐旱怕涝，雨季需注意排水，田间不可积水，否则易烂根。遇严重干旱时或追肥后，可适当浇水。

4. 摘除花蕾

在抽出花序前，将花梗减掉，可减少养分消耗，促使根系生长，提高产量。

（五）病虫害防治

黄芩病害有叶枯病，可清洁田园，发病初期喷洒1∶1∶200比例的波尔多液，或用50%多菌灵1000倍液防治。根腐病的防治要注意排水，实行轮作；及早拔出病株烧毁，病株处土壤用石灰消毒。

虫害有黄芩舞蛾，可用90%敌百虫防治。

（六）采收

1. 种子收获

种子田于2～3年生时采种，通常8—9月种子成熟，采取分期分批收获，避免天然落粒。

2. 商品收获

（1）起收时期　人工栽培黄芩产量顶峰期为3年生，品质顶峰期于9月份，此时有效成分含量高。因此，起收年限以3年生为宜，起收时期以9月中、下旬为佳。

（2）起收方法　生产上多采取机械起收，也可人工起收。起收时要深挖起净，去净残茎和泥土。

（3）产地加工　起收后运回晾晒场，在晾晒时严防雨淋。晾晒至九成干时，用滚筒式撞皮机进行撞皮，时间15min，基本将根皮撞净，此后延续晾干即可。

十四、黄芪

黄芪（*Astragalus membranaceus* Bunge），俗名绵芪、黄耆、独椹、蜀脂、百本、百药棉、黄参、血参、人衔等，为豆科黄芪属多年生草本植物，高50～100cm。产于华北、东北、内蒙古和西北，主产于山西、黑龙江、辽宁、河北等省。黄芪为常用中药材之一，药用迄今已有2000多年的历史，由于长期大量采挖，近几年来野生黄芪的数量急剧减少，有趋于绝灭的危险，为此确定该植物为渐危种，国家三级保护植物。

（一）药用价值

性味：甘，微温。

归经：归肺、脾、肝、肾经。

功效：补气升阳，固表止汗，利水消肿，托疮生肌。

主治：用于气虚乏力，食少便溏，中气下陷，久泻脱肛，便血崩漏，表虚自汗，气虚水肿，内热消渴，血虚萎黄，半身不遂，痹痛麻木，痈疽难溃，久溃不敛。

《本草经集注》：恶龟甲。

《药对》：恶龟甲、白鲜皮。

《医学入门·本草》：苍黑气盛者禁用，表实邪旺者亦不可用，阴虚者亦宜少用。

《本草经疏》：功能实表，有表邪者勿用；能助气，气实者勿用；能内塞，补不足，胸膈气闭问，肠胃有积滞者勿用；能补阳，阳盛阴虚者忌之；上焦热盛，下焦虚寒者忌之；病人多怒，肝气不和者勿服；痘疮血分热甚者禁用。

《药品化义》：若气有余，表邪旺，腠理实，三焦火动，宜断戒之。至於中风手足不遂，痰壅气闭，始终皆不加。

《本草新编》：骨蒸、痨热与中满之人忌用。

《本草汇纂》：反藜芦，畏五灵脂、防风。

（二）生长习性

黄芪性喜凉爽，耐寒耐旱，怕热怕涝，适宜在土层深厚、富含腐殖质、透水力强的沙壤土种植。强盐碱地不宜种植。直播当年只生长茎叶而不开花，第二年才开花结实并能产籽。

（三）繁殖方法

黄芪用种子繁殖。

（四）栽培技术

1. 选地

山区、半山区选地势向阳、土层深厚、土质肥沃的沙壤土域或棕色森林土。平地选地势较高、渗水力强、地下水位低的沙壤土或积土，忌白浆土、盐碱土、黏壤土及积水草甸土。

2. 整地

深耕并施厩肥或堆肥，每亩施2500kg，过磷酸钙25～30kg。耕细后做畦，宽120cm，高30cm。

3. 播种

冬前播种和春天播种均可。冬前在霜降立冬节，春播在春分至谷雨节。按行距23～27cm开2cm深的浅沟，将种子均匀地撒入沟里，然后覆土1cm，每亩用新种子1～1.5kg。

4. 定苗

苗6～7cm时，按株距10～13cm定苗。

5. 松土除草

人工除草同大田作物，还可使用除草剂，即在播种时或播种后施用氟乐灵每亩施用150g，或施用拉索每亩200g。

6. 追肥

5月上旬追硫酸铵，每亩5～15kg，6月上旬追尿素，每亩7～10kg，7月上旬追过磷酸钙，每亩50kg，厩肥2000kg。

7. 打尖

7月下旬打尖，减少营养消耗。

8. 排灌

雨季注意排水。天旱时，苗期、返青期适当灌水。

（五）病虫害防治

1. 白粉病

高温多湿的7—8月间为盛发期，危害叶片和荚果。受害叶片两面和荚果表面均生有白色绒状霉斑，后期出现很多小黑点，严重减产。可于发病初期用25%粉锈宁1500倍液或1∶1∶120比例的波尔多液喷雾2～3次，效果较好。

2. 红根病

因发病后根部变成红褐色，先由须根发病，而后逐渐向主根蔓延，根部自皮层向内部腐烂，最后全根烂完。防治方法为清除病残体、轮作、雨季排水外，可结合整地每亩用70%敌克松1.5～2.0kg进行土壤消毒或发病初期用多菌灵、甲托、退菌特等灌根。

3. 蚜虫

7—8月份发生，危害嫩梢，高温干旱年份尤为严重，可用40%乐果1000～1500倍或50%避蚜雾2000～3000倍喷雾防治。

4. 豆荚螟

成虫在黄芪嫩荚或花包上产卵，孵化后幼虫蛀入荚内咬食种子。老熟幼虫钻出果荚外，入土结茧越冬。在花期用敌敌畏或敌杀死按用量每隔7天喷施1次，连续喷3～4次，直到种子成熟为止。

（六）采收

1. 采收

黄芪长到第3年便可以收获。收获过早，黄芪质量差；年久不收，极易黑心或木质化。采收一般在秋季植株枯萎时进行，也可在翌年春季尚未萌发前进行。采收时要深挖，不要伤根，防止挖断主根，影响药材产量与质量。南方多雨地区，为减少烂根损失，最好当年收获。

2. 留种

留种选3年生以上（含3年）生长健壮、无病虫害地块作黄芪种子田。对种子田管理，在一般大田管理的基础上（切勿打掉花芽），于7月中旬增施一次磷肥、钾肥，每亩施过磷酸钙25kg、氯化钾10kg，促使花盛果多，籽粒饱满。结果种熟期间，如遇高温干旱，应及时灌水，降低种子硬实率，提高种子质量。

黄芪种子的采收宜在8月果荚下垂黄熟、种子变褐色时立即进行，否则果荚开裂，种子散失，难以采收。因种子成熟期不一致，应随熟随采。

十五、黄连

黄连（*Coptis chinensis* Franch.），俗名味连、川连、鸡爪连，属毛茛科黄连属多年生草本植物，野生或栽培于海拔1000～1900m的山谷凉湿荫蔽密林中，分布区域为四川、贵州、湖南、湖北、陕西南部等地。其味入口极苦，有清热燥湿、泻火解毒之功效。野生或人工栽培。近年来已有盆栽，作为家庭阳台园艺项目之一。

（一）药用价值

性味：味苦，性寒。

归经：归心、胃、肝、大肠经。

功效：清热燥湿，泻火解毒。

主治：用于湿热痞满，呕吐吞酸，泻痢，黄疸，高热神昏，心火亢盛，心烦不寐，血热吐衄，目赤，牙痛，消渴，痈肿疔疮诸症。

《本草纲目》：黄连大苦大寒，用之降火燥湿，中病即当止，岂可久服，使肃杀之令常行，而伐其生发冲和之气乎？

《本草正》：黄连善泻心脾实火，虚热妄用，必致格阳，故寇宗荧日：虚而冷者，慎勿轻用；王海藏日：夏月久血痢不用黄连，阴在内也。

《本草经疏》：凡病人血少气虚，脾胃薄弱，血不足，以致惊悸不眠，而兼烦热躁渴，及产后不眠，血虚发热，泄泻腹痛，小儿 痘疮，阳虚作泄，行浆后泄泻，老人睁胃虚寒作泻，阴虚人天明溏泄，病名肾泄，真阴不足，内热烦躁诸证，法咸忌之，犯之使人危殆。

《神农本草经》：味苦，寒。主治热气，目痛，眦伤，泣出，明目，肠澼，腹痛，下痢，妇人阴中肿痛。久服令人不忘。

《名医别录》：微寒，无毒。主治五藏冷热，久下泄澼、脓血，止消渴、大惊，除水，利骨，调胃，厚肠，益胆，治口疮。

《本草拾遗》：主羸瘦气急。

《药性论》：恶白僵蚕，忌猪肉，恶冷水。杀小儿疳虫，点赤眼昏痛，镇肝，去热毒。

《日华子本草》：治五劳七伤，益气，止心腹痛、惊悸、烦躁、润心肺、长肉、止血、并疮疥，盗汗，天行热疾。猪肚蒸为丸，治小儿疳气。

《本草纲目》：黄连大苦大寒，用之降火燥湿，中病即当止。

《本草经疏》：黄连禀天地清寒之气以生，故气味苦寒而无毒。味厚于气，味苦而厚，阴也。宜其下泄，欲使上行须加引导。入手少阴、阳明，足少阳、厥阴，足阳明、太阴。为病酒之仙药，滞下之神草。六经所至，各有殊功。其主热气，目痛眦伤泪出，明目，大惊益胆者，凉心清肝胆也。肠澼腹痛下痢。

（二）生长习性

黄连喜冷凉、湿润、荫蔽的环境，忌高温、干旱，需要温度低、空气湿度大的自然条件。不能经受强烈的阳光，喜弱光，因此需要遮阴。根浅，分布于5~10cm的土层，适宜表土疏松肥沃、有丰富的腐殖质、土层深厚的土壤，pH 5.5~6.5，为微酸性。

（三）繁殖方法

种子繁殖。种子底胚为后熟类型。5月上旬种子成熟采收后，选择阴凉较平坦的山坡用树枝搭荫棚，雨水能自然淋入棚内，挖20cm深地做窖，将种子与湿沙在窖内层积贮藏。经早晚及秋季低温，10—11月间种子裂口后撒播于高畦，每$1hm^2$播种子22.5~37.5kg，用牛马粪覆盖。次年2月下旬在畦面搭矮棚遮阴，3月初出苗，拣去畦面落叶，并除净杂草。苗期5~6月间应追施速效性氮肥催苗，10—11月间撒细碎牛马粪及火灰腐殖土以利越冬。

（四）栽培技术

1. 搭棚遮阴

于冬季砍树搭1.2m高荫棚，荫蔽度70%左右，棚内做1.6m宽高畦。春季在畦面以行株距1.6m见方，间隔栽植山枣、桑等灌木及松、杉等乔木。早春2月末在塑料矮棚中做营养钵培育玉米苗。当玉米苗高30cm左右时，在高畦沟两边以株距30cm、叶对叶定向移栽玉米苗，6、7月份玉米叶封垄后即在行间栽黄连。冬季玉米收获后，用玉米秆编织矮棚，为黄连遮阴。次年复栽玉米，4~5年后灌木已成林，可为黄连遮阴，不再栽种玉米。在种植栽培过程中，要根据种植年限和植物的生长要求，调整荫棚的郁蔽度。

2. 栽种

播种后第3年4—5月间苗圃幼苗已长出4~6片真叶时移栽。7月气温高，栽后死苗多；晚秋早春冰冻，易受冰冻拔苗，成活率低。栽种密度为行株距10cm×10cm，栽深3~5cm，每1hm^2栽苗75万~90万株。栽前在距头部1cm处，剪去过长的须根。剪须根后，用水把秧苗根上的泥土淘洗干净，用钼酸铵（1~2）:500kg的水溶液浸根2h，能促进幼苗发根，加速长势。栽后前3年，每年都应及时补苗。

3. 施肥料及培土

黄连栽植后，立即撒施少量牛马粪及熏土称“刀口肥”。每年早春、夏季种子收获后及冬季10—11月间各追肥1次，春夏以氮磷等速效性肥料为主，冬肥以牛马粪及熏土为主，施肥后应培土。第1、第2年培土约1cm，第3、第4年2~3cm。

4. 除草

移栽后一二年苗小、露地孔隙大，易生杂草，每年应拔草4~5次，四五年生黄连已封垄，结合追肥每年拔草3次。

5. 光照调解

当年5月种子采收后应揭去盖棚敞阳，从而抑制叶的生长，促使根茎充实；林间栽种的，栽后第3年开始冬季应修枝亮棚，使荫蔽度由栽连时的70%左右降低到20%~30%。

6. 摘薹

从第2年起，除留种植株外，均应及时摘除花薹。

（五）病虫害防治

黄连主要病害有白粉病，应降低荫蔽度，增加光照，并可用石硫合剂防治。虫害有蛴螬、蝼蛄等，可用毒饵诱杀。早春有鸟类危害花薹和种子，应围以篱笆，加强人工捕杀，减少危害。

（六）采收

黄连移栽后第5年才能收获，是生长年限较长的药用植物。黄连最适宜的收获期为10月上旬和11月下旬上冻前。用四齿耙按行株距将黄连挖出，剪去须根和叶子，每亩可产500kg左右鲜根。鲜根出土后，最好用炕烘干，烘干时不宜火力过大，边烘边翻，直到干燥为止，一般亩产干黄连根茎成品100kg左右。

十六、细辛

细辛（*Asarum sieboldii* Miq.），俗名华细辛、盆草细辛、绿须姜、独叶草、玉香丝、金盆草，为马兜铃科细辛属多年生草本植物。北细辛、汉城细辛习惯称辽细辛，是我国地道中药；华细辛称细辛。北细辛主产于东北，销全国并出口；汉城细辛主产于吉林省、辽宁省，产量很小；华细辛主产于陕西省、四川省、湖北省、安徽省、江西省、浙江省等地。日本和朝鲜也有分布。果近球状，直径约 1.5 cm，棕黄色。花期为 4—5 月，果期 6 月。

（一）药用价值

性味：辛，温。

归经：归心、肺、肾经。

功能：解表散寒，祛风止痛，通窍，温肺化饮。

主治：解表散寒，祛风止痛，通窍，温肺化饮。用于风寒感冒，头痛，牙痛，鼻塞流涕，鼻鼽，鼻渊，风湿痹痛，痰饮喘咳。

《本草纲目》：辛温能散，故诸风寒风湿头痛、痰饮、胸中滞气、惊痫者，宜用之。

《本草新编》：细辛阳药也，升而不沉，虽下而温肾中之火，而非温肾中之水也。

《本草经百种录》：以气为治也。凡药香者，皆能疏散风邪，细辛气盛而味烈，其疏散之力更大。

《长沙药解》：敛降冲逆而止咳，驱寒湿而荡浊，最清气道，兼通水源，温燥开通，利肺胃之壅阻，驱水饮而逐湿寒，润大肠而行小便，善降冲逆，专止咳嗽。其诸主治，收眼泪、利鼻壅、去口臭、除齿痛、通经脉，皆其行郁破结，下冲降逆之力也。

《本经疏证》：凡风气寒气、依于精血津液便溺涕唾以为患者，并能曳而出之，使相离而不相附，则血津液便溺涕唾各复其常，风气寒气，自无所容。

《本草正义》：芳香最烈，故善开结气，宣泄郁滞，而能上达巅顶，通利耳目，旁达百骸，无微不至，内之宣络脉 而疏通百节，外之行孔窍而直透肌肤。

《本经》：主咳逆，头痛脑动，百节拘挛，风湿痹痛，死肌。明目，利九窍。

《名医别录》：温中下气，破痰，利水道，开胸中，除喉痹，癫疾，下乳结。汗不出，血不行，安五脏，益肝胆，通精气。

陶弘景：患口臭者，含之多效，最能除痰明目。

《药性论》：治咳逆上气，恶风，风头。手足拘急，安五脏六腑，添胆气，去皮风湿痒，能止眼风泪下，明目，开胸中滞，除齿痛，主血闭、妇人血沥腰痛。

《日华子本草》：治咳，消死肌疮肉，胸中结聚。

《本草衍义》：治头面风痛。

《珍珠囊》：主少阴苦头痛。

《本草纲目》：治口舌生疮，大便燥结，起目中倒睫。

《本草通玄》：主风寒湿头疼，痰厥气壅。

《本经逢原》：主痰结湿火，鼻塞不利。

（二）生长习性

细辛喜冷凉气候和阴湿环境，多生于林下阴湿处、山沟腐殖质厚的湿润土壤中，喜土质疏松、肥沃的壤土或砂质壤土。该植物耐寒怕高温，畏强光，在遮阴条件下生长良好，气温高于35℃时，叶片枯萎。

细辛花期5月，果期6月，地下部根茎于9月后形成越冬芽。细辛是早春植物，顶凌出土，花期和果期都较早，6—9月上中旬为果后地上植株生长期和地下更新芽分化期，秋后地上部枯萎，进入休眠期。细辛冬季能耐－40℃以下低温。

（三）繁殖方法

1. 种子直播

种子直播是发展细辛栽培的主要方法，4～5年即可收获。

2. 分根繁殖

采用分株和根茎繁殖两种方法。

（1）分株繁殖　分株宜在夏季进行，按细辛芽苞的多少将其分成单株，每株需具有1～2个芽苞，留根茎5～6cm，稍带须根和两枚叶片。然后按株行距10cm×15cm开沟或挖穴移栽，须根要舒展，栽后覆细土5～6cm，压实并及时浇水保湿。

（2）根茎繁殖　细辛地下根状茎横生，节明显。在秋后采收时挖出根茎，选生长健壮、无病虫害的粗壮根茎，截成5～6cm的小段，每段需带有2～3个芽苞和10～20条长须根，进行分根繁殖。按行距15cm开沟，株距10cm一段接一段地埋入沟内，并覆细土厚5cm，遇天旱时，需及时浇水。

（四）栽培技术

1. 选地整地

细辛喜含腐殖质丰富、排水良好的壤土或沙壤土，以山地棕壤和森林腐殖质土为更好。栽培细辛应选择地势平坦的阔叶林的林缘、林间空地、山脚下溪流两岸新垦地或农田。土层要深厚，土壤要疏松、肥沃、湿润。山地坡度应在15°以下，以利于水土保持，pH以5.5～7.5为宜。农田前作以豆类和玉米较好。

林地或林缘地栽培细辛，可在春季伐掉小灌木或过密枝，保持透光率50%左右。选地后翻耕，翻地深度20cm左右，碎土后拣出树根、杂草、石块，床面要求平整。结合耕翻施入基肥，一般每$1m^2$施入腐熟的猪粪8～10kg、过磷酸钙0.25kg。顺山斜向做畦，畦宽120cm，畦高15～20cm，畦长视地形而定，一般长10～15cm，作业道宽50～80cm，走向尽可能呈正南正北。

2. 播种

鲜种子播种期一般在7月上、中旬，最迟不宜超过8月上旬。沙藏种子也必须于8月上旬播完，否则种子裂口生根后再进行播种，既不便播种，也不利于发根。

（1）撒播　在床面上挖3～5cm深的浅槽，用筛过的细腐殖土把槽底铺平，然后将种子混拌5～10倍细沙或细腐殖土，均匀撒播，使种子间距3cm。播后用筛过的细腐殖土覆盖，厚度0.5～1cm。覆土后床面上再覆盖1层落叶或草，以保持土壤水分，防止床面板结和雨水冲刷。第2年春出苗前撤去覆盖物，以利出苗，鲜籽用量120～150g/m^2。

（2）条播　在整好的床面上横床开沟，行距10cm，沟宽5～6cm，沟深3～5cm，沟底整平并稍压实，然后在宽沟内播种。种子间距2cm，覆土0.5～1cm，覆盖落叶或草保湿。第2年春出苗前撤去覆盖物，鲜籽用量约100g/m^2。

3. 苗田管理

播种遇干旱时要及时浇水，保持床内湿润。第2年春床土解冻、快要出苗时及时撤出覆盖物，以提高床温，促进早出苗。及时拔除杂草，雨季要挖好排水沟，防止田间积水。林间或林下栽培的，可适当疏整树冠。利用荒地栽培的，可搭棚遮阴，也可种植玉米、向日葵等作物遮阴来调节光照。一般1、2年生抗光力弱，郁闭度0.6～0.7；3、4年生抗光力增强，郁闭度0.4为宜。从第3年开始，每年结合越冬覆盖应追肥1次，在床面追施腐熟的猪粪或林间腐熟落叶拌过磷酸钙，厚度1cm左右，每1m^2约施猪粪、鹿粪10kg和过磷酸钙0.1kg。

4. 移栽

细辛是多年生植物，生长发育周期长，一般林间播种后6～8年才能大量开花结果。为了利用野生幼苗，扩大营养面积，多数地方都采用育苗移栽方式，即先播种育苗3年，起苗移栽再长3年。移栽选整地，与直播要求相近，移栽方法随种苗来源不同略有区别，分种子育苗移栽、根茎先端移栽。

（1）种子育苗移栽法　秋春都可进行。秋季移栽，每年10月起挖2、3年生的细辛苗，分大、中、小3类分别栽种。栽种时横床开沟，行距15cm，沟深9～10cm，沟内按8～10cm株距摆苗，使须根舒展，覆土3～5cm。春天移栽，应在芽孢未萌动前进行。如果移栽过晚，在细辛出苗或展叶时进行，需要大量浇水，并需要较长时间缓苗，会影响细辛生长发育。

（2）根茎先端移栽法　细辛的根茎分割后栽植可独立成活，发育成新的个体。根茎顶部的节间很短，将其截成1cm长的小段栽植。根茎分割成活率与根茎上、中、下的部位，分段的长短，顶芽的有无和潜伏期的大小及栽植时期有密切关系。一般茎上有越冬芽、潜伏芽大、根茎上段或者根茎段长的成活率高，秋栽的成活率比夏栽的高。栽法同前。

5. 松土除草

移栽地块每年5月出苗后，要进行3～4次松土除草，提高床土温度，保蓄水分，对防止菌核病、促进生长有益。在行间松土要深些（3cm左右），根际要浅些（约2cm），对露出根不用进行培土。

6. 施肥灌水

在生长期间一般每年施肥2次，第1次在5月上、中旬进行，第2次在9月中、下旬进行，用硫酸铵、过磷酸钙各5～7.5kg/亩，多于行间开沟追施。秋季床面施用猪粪（5kg/m^2）混拌过磷酸钙（0.1kg/m^2）最好，既追肥又保土保水，有保护越冬的效果。每年春季干旱时，应于行间灌水，保持湿润。

7. 清林调光

林下或林缘种植要定期清林，防止枝条过密。对于农田栽培，应搭设遮阴棚调节光照，郁闭度与种子直播相同。

8. 覆盖越冬

不论是直播还是育种移栽，在解冻前均需用1cm厚的落叶或不带草籽的茅草覆盖床面，待来年春季萌动前撤去。

（五）病虫害防治

1. 菌核病

靠种苗、土壤传播，发病条件主要是温度低、土壤湿度过大或者板结，严重时成片死亡。防治方法为加强田间管理，适当加强通风透光；及时松土，保持土壤通气良好；多施磷钾肥，使植株生长健壮，增强抗病力；发现病株应彻底清除，病区用5%石灰乳等处理。药剂防治菌核病可用50%多菌灵200倍液+50%代森锌800倍液灌根效果好，最好在秋季枯萎前或春季萌发前进行。严重病区可用1%硫酸铜溶液消毒杀菌。

2. 虫害

主要有小地老虎、黑毛虫、蝗虫、细辛凤蝶等。黑毛虫、蝗虫、细辛凤蝶咬食叶片，严重时大部分叶片被吃掉。地老虎危害最重，咬食幼芽，截断叶柄和根茎。防治方法每亩用1～1.5kg 2.5%敌百虫粉撒施，也可用1000倍敌百虫液喷雾。

（六）采收

在5—7月间，用镐深掘，将细辛连根挖出，防止须根拆断，除净泥土，保持茎叶根完整，捆成小把，悬挂在通风的棚下阴干或晾干，但不宜在强烈日光下晒干，也不得用水洗，以免气味降低。

十七、豆蔻

豆蔻（*Alpinia katsumadae* Hayata.），姜科山姜属多年生常绿草本植物，原产于印度尼西亚，我国分布于广东、广西、海南、云南等岭南地区，近年来引入北方种植。外形像芭蕉，花淡黄色，秋季结实，果实扁球形，种子像石榴子，可入药，有香味。可用于化湿消痞、行气温中、开胃消食。

豆蔻有草豆蔻、白豆蔻、红豆蔻几种。草豆蔻又名草蔻、草蔻仁、假麻树、偶子，辛辣芳香，性质温和；白豆蔻又称多骨（《本草拾遗》）、壳蔻（《本经逢原》）、白蔻（《本草经解》），皮色黄白，具有油性，辣而香气柔和；红豆蔻也叫红豆、红蔻（《本草述钩元》）、良姜子（《广西中药志》），颜色深红，有辣味和浓烈的香气。另有肉豆蔻，又名迦拘勒（《本草拾遗》）、豆蔻（《续传信方》）、肉果（《本草纲目》），为肉豆蔻科常绿乔木植物果实。豆蔻还可做调料应用。

（一）药用价值

性味：辛，温。

归经：归肺、脾、胃经。

功能：化湿行气，温中止呕，开胃消食。

主治：用于湿阻中焦，不思饮食，湿温初起，胸闷不饥，寒湿呕逆，胸腹胀痛，食积不消。

《本草求真》：草豆蔻，辛热香散，功与肉蔻相似，但此辛热燥湿除寒，性兼有涩，不似肉蔻涩性居多，能止大肠滑脱不休也。又功与草果相同，但此止逐风寒客在胃口之上，症见当心疼痛，不似草果辛热浮散，专治瘴疠寒疟也。故凡湿郁成病，而见胃脘作疼，服之最为有效。若使郁热内成，及阴虚血燥者，服之为大忌耳。

《名医别录》：主温中，心腹痛，呕吐，去口臭气。

《开宝本草》：下气，止霍乱。

《珍珠囊》：益脾胃、去寒，又治客寒心胃痛。

《本草纲目》：治瘴疠寒疟，伤暑吐下泄痢，噎膈反胃，痞满吐酸，痰饮积聚，妇人恶阻带下，除寒燥湿，开郁破气，杀鱼肉毒。

《本草原始》：补脾胃，磨积滞，调散冷气甚速，虚弱不能饮食者最宜，兼解酒毒。

《开宝本草》：主积冷气，止吐逆反胃，消谷下气。

《本草通玄》：白豆蔻，其功全在芳香之气，一经火炒，便减功力；即入汤液，但当研细，乘沸点服尤妙。

（二）生长习性

豆蔻生于海拔 300 ~ 1300m 荫湿林中，耐荫，喜温暖、潮湿的环境条件，对土壤要求不严，但喜腐殖质丰富的沙壤土。

（三）繁殖方法

1. 种子繁殖

一般选取 8 月初至 9 月随收随播种，播种前催芽，经常保持湿润，在 30 ~ 35℃气温下，一般 10 多天即可出芽，此时取出播种。按行距 10 ~ 15cm 开沟条播，播种后覆土 0.5cm，床面盖草，20 ~ 30 天开始出土，从播种到齐苗需 40 ~ 60 天。当幼苗出现 2 ~ 3 片叶时，进行间苗或移床，促进叶片加速增加，至 5 ~ 7 片叶时，植株开始分蘖，苗高 30cm 左右可出圃定植。定植株行距1m×（1.5 ~ 2）m。每穴栽种子苗 2 ~ 3 株，不要栽得过深，以免影响发根抽笋。栽后压实，淋定根水。

2. 分株繁殖

在田间选择健壮高产的植株，剪取其根状茎，每一根茎上具有 2 ~ 3 个地上茎。一般生长茂盛的二年生株丛，可取 8 ~ 10 小丛做种苗用，随挖取随种。

（四）栽培技术

1. 选地整地

种植地宜选择海拔 700m 以下的山地中下部缓坡地，具有一定数量的常绿阔叶树，腐殖质丰富的沙壤土。按 1.5 ~ 2m 行距翻耕土地，结合整地，砍去杂草树木，挖去树根，开穴，穴的规格为 50cm × 50cm × 30cm。施基肥，在坡地上开排水沟，以防积水和冲刷。缺少荫蔽树的地方，先种速生树。

2. 遮阴

幼苗出土时，将盖草轻轻拨至行间，以利出苗，出苗时要搭设荫棚，以防止烈日暴晒。

3. 除草、割枯苗

定植后封行前，及时拔除杂草，注意不要伤幼茎和须根。收果后，及时除去枯、弱、病残株。密度过大的，多剪一些弱苗。

4. 追肥、培土

定植初期和初出果后，应重施人粪尿或硫酸铵水溶液，以促进苗群生长。进入开花结果期，应施氨、磷、钾全肥，并配合施有机肥。也可在结果期根外追肥，以促苗促花，增大果实，提高结果率。

5. 灌溉排水

高温干旱会引起叶片卷缩、萎黄、植株生长纤弱；若花期遇干旱，则花序早衰，开花少，造成授粉不稳或幼果干死，此时要及时灌溉或喷洒，增加空气湿度。雨季要修好排水沟，以免积水引起烂根烂花。

6. 调节郁闭度

育苗阶段要求 80% ~85% 郁闭度，开花结果阶段，则要求 70% 的郁闭度，入冬时可增加到 80% 。

7. 人工授粉

白豆蔻花朵结构特殊，不易进行自花传粉或异花授粉，故需人工辅助授粉。在正常气候下，上午 7 点以后开花，8 点后陆续散粉，10 点花粉达到成熟，故人工授粉应在每天 8 ~12 点进行为宜。具体方法是用竹签挑起花粉涂在漏斗状的柱头上即可，花粉多时挑 1 朵花的花粉可授 2 ~3 朵花。

（五）病虫害防治

1. 猝倒病

在高温多雨季节，苗圃湿度过大、通风不良时，导致直立茎倒伏，最后整丛腐烂。防治方法为在播种前用退菌特进行土壤消毒；出苗后用 1∶1∶120 比例的波尔多液预防，每 10 天喷 1 次，并注意排水。

2. 烂花烂果病

高温多雨季节，危害花序基部、果和果实。防治方法：选地势高燥的地块种植，并注意排水。

（六）采收

于秋季果实由绿色转成黄绿色时采收，晒干生用，用时捣碎。

十八、草果

草果（*Amomum tsaoko* Crevost & Lemarie），俗名草果仁、草果子，是姜科豆蔻属植物草果的果实，生长在热带、亚热带的荫蔽潮湿的林中地带，以中国云南、广西、四川南部、贵州等地为主要分布地，人工栽培以云南为主。我国云南是草果的主要产地，主要分布于红河、文山、西双版纳、德宏、保山、思茅、临沧等地州的31个县以及金平县马鞍底乡的原始生态老林中，以金平苗族瑶族自治县（被称为“青果之乡”）出产最多，至今已有200多年的历史。草果茎丛生，高可达3m，全株有辛香气，地下部分略似生姜，花冠红色，蒴果密生，熟时红色，干后褐色，干燥果实呈椭圆形。花期4～6月，果期9～12月。

草果按果实颜色分棕色和红棕色两种。

草果有特异香气，味辛、微苦，是一种调味香料，具有特殊浓郁的辛辣香味。其干燥的果实被用作中餐调味料，被人们誉为食品调味中的“五香之一”。

（一）药用价值

性味：味辛，性温，无毒。

归经：入脾经、胃经。

功能：燥湿除寒，祛痰截疟，健脾开胃，利水消肿。

主治：疟疾，痰饮痞满，脘腹冷痛，反胃，呕吐，泻痢，食积。

《本草纲目》：草果，与知母同用，治瘴疟寒热，取其一阴一阳无偏胜之害，盖草果治太阴独胜之寒，知母治阳明独胜之火也。

《本草求真》：草果与草豆蔻，诸书皆载气味相同，功效无别，服之皆能温胃逐寒。然此气味浮散，凡冒巅雾不正瘴疟，服之直入病所而皆有效。

《本草正义》：草果，辛温燥烈，善除寒湿而温燥中宫，故为脾胃寒湿主药。

（二）生长习性

草果喜温暖湿润气候，怕热，怕旱，怕霜冻。要求年均气温15～20℃。

适宜在树木稀疏（透光度约40%）环境生长。以在海拔1000～2000m，荫蔽度50%～60%的林下或溪边湿润排水良好的山谷坡地阴凉地带，疏松肥沃、富含腐殖质的砂质壤土栽培为宜。

（三）繁殖方法

种子繁殖。8—9月果实成熟、果皮呈紫红色时采收，剥去果皮，洗净果肉，再用清水浸种10h左右，然后拌湿沙贮藏。8—11月播种，也可在第二年2—3月播种。

（四）栽培技术

1. 选种

选择果粒大、种子饱满、无病虫害的高产植株做采种植株。

2. 种子处理

选饱满、充分成熟、无病虫害的果实做种，宜随采随播。播种前先将果皮剥掉，洗净果肉，用清水浸种10～12h，后用粗沙与种子置于竹箕充分搓擦，以擦掉假种皮为度，然后播种或晾干保存至翌年春季播种。

3. 播种期

春秋均可，以秋播较好。春播要在气温回升到18℃以上时进行，秋播月平均气温在18～20℃。播后40～50天发芽率可达80%以上，12月至翌年2月发芽率可达90%以上。

4. 播种方法

条播，行距15cm，播深1.5～2cm，覆土盖草淋水。

5. 遮阴

播后约1个月出土，出苗后立即揭草，若郁闭度不够，可搭设简易荫棚遮阴。

6. 移栽

经培育1～2年，苗高60～120cm，叶出圃定植。在4月上旬，按行株距1.7m×2m，穴宽30cm，深15cm开穴，每穴栽苗1～2株，选阴雨天进行定植。

7. 中耕除草

栽植后每年4—6月间，中耕除草各1次，在最后1次除草时，割除结果后枯死的老株、病株。

8. 追肥

每年追肥多次。早春用干细的鸡粪拌以草木灰，撒在植株周围，夏季刚开花时，将草木灰在清晨露水未干前撒在叶面上做根外追肥，冬初收果后用厩肥壅在根部。亦可结合中耕除草，开环状沟施追肥。

9. 培土

草果定植后至开花前，要进行培土，使幼芽生长健壮，开花以后，不宜培土，以免捂伤花蕾，造成腐烂不结果。每次除草时，如发现露出面的须根，可在须根处培少量的腐殖土，以利根部吸收养分。

10. 排灌

当根部现出球形花苞时遇上天旱，应及时灌溉；雨水太多时应注意排水，以免伤及花蕾，同时要将花蕾周围的杂物除去，使其通风透光，以免落花和烂果。

11. 调整郁闭度

草果在整个生长发育阶段，需要一定荫蔽，当树木生长造成林内透光度不够时，应适当疏伐或修枝，使郁闭度控制在50% ~60%，以利新株生长。

（五）病虫害防治

1. 立枯病

是苗期一种由真菌引起的病害，危害幼苗，一般在3—4 月发病，造成叶片枯萎，严重时成片倒苗。播种前用恶霉灵等药剂进行土壤消毒；幼苗出土后，喷洒1∶1∶120 比例的波尔多液预防；发病后，拔除病株，在病株周围撒石灰粉；用65%代森锌600 倍液防治，每隔7 天1 次，连续2 ~3 次。

2. 叶斑病

是危害叶片的病害，产生黑褐色斑点，在高温多雨季节容易发生。要注意排水，发病初期选用75%百菌清800 倍液，或65%代森锌500 倍液或70%甲基托布津1500 倍液等药剂进行喷雾防治。

3. 钻心虫

是危害草果茎部的主要害虫，它以幼虫钻入植物茎内，使植株枯萎，严重时茎折。及时剪掉枯心的植株；用50%杀螟松乳油800 ~1000 倍液进行喷洒防治。

（六）采收

10—11 月果实开始成熟，变为红褐色而未开裂时采收，除去杂质，晒干或低温干燥。

十九、萱草

萱草（*Hemerocallis fulva*（L.）L.），俗名黄花菜、金针菜、鹿葱、川草花、忘郁、丹棘等，属百合科萱草属多年生宿根草本植物。原产中国、西伯利亚、日本和东南亚，全国各地常见栽培，秦岭以南各省区有野生的。19 世纪 30 年代以后，美国一些植物园、园艺爱好者收集中、日等国所产萱草属植物，进行杂交育种，现品种已达万种以上，成为重要的观赏及切花花卉，也是百合科花卉中品种最多的一类。花果期为 5—7 月，花色鲜艳，栽培容易，且春季萌发早，绿叶成丛极为美观。园林中多丛植或于花境、路旁栽植。萱草类耐半荫，又可做疏林地被植物。

萱草也是中国的母亲花，其花的颜色有橘红色、黄色、粉色三种，十分鲜艳。

（一）药用价值

萱草以根入药。

性味：甘，凉。

归经：入脾、肺二经。

功能：清热利尿，凉血止血。

主治：用于腮腺炎，黄疸，膀胱炎，尿血，小便不利，乳汁缺乏，月经不调，衄血，便血。外用治乳腺炎。

《本草拾遗》：治沙淋，下水气，主酒疸黄色通身者，捣绞汁服。

《本草衍义》：研汁一盏，生姜汁半盏相和，时时细呷，治大热衄血。

《滇南本草》：治乳结红肿硬痛，乳汁不通，乳痈，乳岩，攻痈疮，汉中产者，其性补阴血，止腰疼，治崩漏，止大肠下血。

《本草蒙筌》：咀和酒煎，为破脑伤风要药。

《本草正》：治带浊。

《本草从新》：小便不通，煎水频饮甚良；遍身水肿亦效。

《分类草药性》：滋阴补神气，通女子血气，消肿，治小儿咳嗽。

《天宝本草》：治膀胱疝气，气火瘰疬。

《贵州民间方药集》：通经，治妇女月经不调，红崩白带，月经来时腰酸腹痛，又可健胃补脾。

（二）生长习性

性强健，耐寒，华北可露地越冬，适应性强，喜湿润也耐旱，喜阳光又耐半荫。对土壤选择性不强，但以富含腐殖质、排水良好的湿润土壤为宜。适应在海拔300～2500 m生长。

（三）繁殖方法

繁殖方法以分株繁殖为主，育种时用播种繁殖。分株繁殖于叶枯萎后或早春萌发前进行，将根株掘起，剪去枯根及过多的须根，分株即可。一次分株后可4～5年后再分株，分株苗当年即可开花。种子繁殖宜秋播，一般播后4星期左右出苗。夏秋种子采下后如立即播种，20天左右出苗。播种苗培育2年后开花。

（四）栽培技术

栽培管理简单粗放，几乎随处可种，任其生长，株丛可年年不断扩大，但在庭园配植时应按株高和花色进行搭配，以提高观赏效果。

栽前施足基肥，移栽时，穴、行距0.5m×1m左右，每穴栽3～5株。根要向四面平铺，盖土压紧，浇足水。自第二年起，每年中耕除草和追肥3次，第一次在3月出苗时，第二次在6月开花前，第三次在10月倒苗后，每次中耕除草后，追施有机肥。

（五）病虫害防治

萱草常见的病害有叶斑病、叶枯病、锈病、炭疽病和茎枯病等；虫害主要有红蜘蛛、蚜虫、蓟马、潜叶蝇等。适时用药防治，病害可用75%的百菌清800倍液喷雾防治，虫害可用艾美乐3000倍喷雾防治。

（六）采收

萱草的食用部分为花蕾，当花蕾长大后，于开花前采收，可鲜食，也可晒干或烘干后食用（大花萱草叶、花有毒，不可食用）。药用部分为根部，可将生长2～3年的萱草根挖出，晒干后加工切片，即可入药。

二十、白芷

白芷（*Angelica dahurica*（Fisch. ex Hoffm.）Benth. & Hook. f. ex Franch. & Sav.），俗名川白芷、香白芷，为伞形科当归属多年生高大草本植物，高1～2.5m，以根入药，亦可作香料。分布在中国大陆的东北及华北等地，生长于海拔200～1500m的地区，一般生于林下、林缘、溪旁、灌丛和山谷草地。

（一）药用价值

性味：辛，温。

归经：入肺、脾、胃经。

功能：祛风，燥湿，消肿，止痛。

主治：治头痛，眉棱骨痛，齿痛，鼻渊，寒湿腹痛，肠风痔漏，赤白带下，痈疽疮疡，皮肤燥痒，疥癣。

李杲：白芷，疗风通用，其气芳香，能通九窍，表汗不可缺也。

王好古：白芷同辛夷、细辛用治鼻病，入内托散用长肌肉，则入阳明可知矣。

《本草纲目》：白芷，色白味辛，行手阳明；性温气厚，行足阳明；芳香上达，入手太阴肺经。

《本草经疏》：白芷，味辛气温无毒，其香气烈，亦芳草也。入手足阳明、足太阴，走气分，亦走血分，升多于降，阳也。

《本草汇言》：白芷，上行头目，下抵肠胃，中达肢体，遍通肌肤以至毛窍，而利泄邪气。《本草经百种录》：凡驱风之药，未有不枯耗精液者，白芷极香，能驱风燥湿，其质又极滑润，能和利血脉，而不枯耗，用之则有利无害者也。

《本草求真》：白芷，气温力厚，通窍行表，为足阳明经祛风散湿主药。故能治阳明一切头面诸疾，如头目昏痛，眉棱骨痛，暨牙龈骨痛，面黑瘢疵者是也。

《本草正义》：白芷，气味辛温，芳香特甚，最能燥湿。

《名医别录》：疗风邪，即以风寒外侵言之。

《本经》：主女人漏下赤白，血闭阴肿，寒热，风头（头风）侵目泪出，长肌肤，润泽。

《名医别录》：疗风邪久渴（久渴或疑作久泻），呕吐，两胁满，风痛头眩，目痒。

《药性论》：治心腹血刺痛，除风邪，主女人血崩及呕逆，明目、止泪出，疗妇人沥血、腰腹痛；能蚀脓。

《日华子本草》：治目赤胬肉，及补胎漏滑落，破宿血，补新血，乳痈、发背、瘰疬、肠风、痔瘘，排脓，疮痍、疥癣，止痛生肌，去面皯疵瘢。

《滇南本草》：祛皮肤游走之风，止胃冷腹痛寒痛，周身寒湿疼痛。

（二）生长习性

常生长于林下、林缘、溪旁、灌丛及山谷地，国内北方各省多栽培供药用。白芷喜温和湿润的气候及阳光充足的环境，能耐寒。

（三）繁殖方式

用种子繁殖，一般采用直播，不宜移栽。

（四）栽培技术

1. 播种

生产上选用当年收获的新鲜种子播种，一般以秋播为主。秋播一般于9—10月播种，条播按行距35cm开浅沟播种；穴播按穴距（15～20）cm×30 cm播种，播后盖薄土，压实，播后15～20天出苗。每亩用种量条播约1.5kg，穴播约1kg。播种前用2%磷酸二氢钾水溶液喷洒在种子上，搅拌，闷润8h左右，再播种，能提早出苗，大大提高出苗率。

2. 灌溉与中耕

于土壤冻结前浇一次封冻水。次春返青后，浅锄一次。半年后再锄一次，此次目的是锄断支根，使主根直伸向下，减少分叉。之后要再锄4～5遍，保持土壤疏松，无杂草。

3. 定苗

白芷播种当年不间苗，翌春返青苗高7～10cm时，按株距20cm左右定苗。间苗时应除去过壮大苗及过纤弱苗，留以生长适中的苗。因过壮大苗易开花结种，根部生长不好，不能入药。

4. 追肥

秋播后，当年不必追肥。只在入冬封冻前，结合灌封冻水，在畦面上盖以马粪或土杂肥，既为小苗越冬防止了冻害，又可作翌春的第一次追肥。翌年返青后，可结合中耕松土，追施饼肥、化肥或圈肥。

5. 摘薹

有抽薹开花者，应及时摘除花苔，以保根部质量。

6. 选种

留种用的植株，在收获时选留，经翌年生长抽薹，方能采种。留种方法有三种：

（1）原地留种　在收获时间隔留下一部分根不收挖，使株距达60cm左右，原地越冬。

（2）随收获随移栽　收获时，选主根无分叉、拇指粗细健壮的根做种根，按株行距60cm×60cm栽植于已准备好的种子田，栽时挖30cm深的穴，施穴肥后将种根栽于穴内，填土踏实、浇水。

（3）窖藏越冬　北方温度很低的地方，将选好的种根置于地窖砂藏越冬，翌春栽于种子田，方法同随收随栽。

留种白芷6—7月抽薹开花、结籽，8月种子陆续成熟。

（五）病虫害防治

1. 斑枯病

又名白斑病，是真菌中一种半知菌，常在生长后期发生，主要危害叶片，病斑为多角形，初期暗绿色，后变为灰白，上面生有黑色小点，可使叶片全部枯死。防治方法：及时清除病叶并集中烧毁；发病前或初期用1∶1∶100比例的波尔多液或65%代森锌可湿性粉剂400~500倍液喷雾，7~10天喷1次，连续2~3次。

2. 黄凤蝶幼虫、红蜘蛛、蚜虫

可用杀虫剂杀灭。

（六）采收

春播白芷当年收获，随各地无霜期长短不同，收获期分别在10月中、下旬和11月上旬进行。秋播白芷第二年7—8月叶片枯萎时采收。采收过早，加工出的成品粉性不足，质量下降；过晚则会因地上茎枯萎已久，新芽生长而影响根的质量。

二十一、麦门冬

麦门冬（*Ophiopogon japonicus*（Thunb.）Ker Gawl.），俗名沿阶草、书带草、麦冬、寸冬，为百合科沿阶草属多年生常绿草本植物，成丛生长，高30cm左右。叶丛生，细长，深绿色，形如韭菜；花茎自叶丛中生出，花小，淡紫色，形成总状花序。果为浆果，圆球形，成熟后为深绿色或黑蓝色。花期7~8月，果熟期11月。以块根入药。除东北外，大部分省区都有分布，主要分布于江西、安徽、浙江、福建、四川、贵州、云南、广西等地，主产于四川、浙江。

（一）药用价值

性味：微苦，微寒。

归经：归心、肺、胃经。

功能：养阴生津，润肺清心。

主治：用于肺燥干咳，阴虚痨嗽，喉痹咽痛，津伤口渴，内热消渴，心烦失眠，肠燥便秘。

《神农本草经》：主心腹结气，伤中伤饱，胃络脉绝，羸瘦短气。

《名医别录》：疗身重目黄，心下支满，虚劳客热，口干烦渴，止呕吐，愈痿蹶，强阴益精，消谷调中，保神，定肺气，安五脏，令人肥健。

《药性论》：治热毒，止烦渴，主大水面目肢节浮肿，下水。治肺痿吐脓，主泄精。

《本草拾遗》：治寒热体劳，下痰饮。

《日华子本草》：治五劳七伤，安魂定魄，时疾热狂，头痛，止嗽。

《本草衍义》：治心肺虚热。

《珍珠囊》：治肺中伏火，生脉保神。

《医学启源》：《主治秘诀》云，治经枯乳汁不下。

《用药心法》：补心气不足及治血妄行。

《南京民间药草》：治妇女湿淋。

《福建民间草药》：能清心益肝，利尿解热，治小便淋闭，小儿肝热。

《安徽药材》：治咽喉肿痛。

《本草汇言》：麦门冬，清心润肺之药也。

（二）生长习性

喜温暖和湿润气候，需水分较多。宜土质疏松、肥沃、排水良好的壤土和沙质壤土，过沙和过黏的土壤均不适于栽培麦冬。忌连作，轮作要求3~4年。麦冬生长期较长，休眠期较短。1年发根2次：第1次在7月以前，第2次在9—11月。

（三）繁殖方法

用分株繁殖。每一母株可分种苗3~6株。

（四）栽培技术

1. 选地整地

选择土质疏松、肥沃、排水良好的壤土和沙质壤土的地块，前作收获后，施足基肥，将土地耕翻23~26cm，使土壤疏松细碎，以利根系生长。然后整平地面，做畦130~160cm宽，沟宽33cm左右。整地时施基肥，每1hm^2用粪37500~45000kg。

2. 种苗的准备

各地麦冬栽培品种较多，选用优良品种。麦冬收获时，将割去块根的苗，选健壮者留做种用。用刀切去根状茎下部和须根，保留上部茎节部分，以叶片不散开为准。根状茎切除后，将合格的苗子整理齐，用稻草或其他绳子将其扎成直径为20cm左右的小捆，将捆好的种苗的茎基部分浸入清水中，浸泡2~3min，使其吸水饱和，然后竖立排列在阴凉潮湿处事先整好的松土上，周围覆土保护，以备栽植。

3. 栽植

麦冬适宜的栽植时期在3—5月下旬。按行距10~13cm开沟，深5~6cm，在沟内每隔6~8cm，放种苗2~4株，垂直放于沟中，然后将土填满浅沟，用扁锄推压或用脚踩，将种苗两侧的覆土压紧。栽后立即灌透水一次，每公顷约需种苗10500kg。

4. 中耕除草

麦冬植株矮小，栽后半月就应除草一次，5—10月杂草容易滋生，每月需除草1~2次，入冬以后，杂草少，可减少除草次数，除草时结合进行中耕。

5. 追肥

麦冬的生长期较长，需肥较多，除施足基肥外，还应根据麦冬的生长情况，及时追肥。一般追肥 3 次以上，第一次在 7 月中旬。每 $1hm^2$ 施猪粪尿 30000～37500kg，腐熟饼肥 750～1500kg；第二次在 8 月上旬，每 $1hm^2$ 施猪粪尿 37500～45000 kg，腐熟饼肥 750～1500 kg，草木灰 1500～2250 kg；第三次在 11 月初，每 $1hm^2$ 施猪粪尿 30000～37500 kg，腐熟饼肥 750 kg。

（五）病虫害防治

1. 黑斑病

发病初期叶尖变黄并向下蔓延，产生青、白不同颜色的水浸状病斑，后期叶片全部变黄枯死。防治方法为：

（1）选用无病种苗，栽前用 65% 代森锌可湿性粉剂 500 倍液浸种苗 5min；

（2）加强田间管理，及时排除积水；

（3）大田发病期可割去病叶，喷 1∶1∶100 比例的波尔多液，每隔 10～14 天 1 次，连续 3～4 次。

2. 根结线虫病

主要危害根部，造成瘿瘤，使结麦冬的须根缩短，到后期根表面变粗糙，开裂，呈红褐色。剖开膨大部分，可见大量乳白色发亮的球状物，即为其雌性成虫。防治方法：

实行轮作，选用无病种苗，选用抗病品种，进行土壤处理。

3. 蛴螬、非洲蝼蛄、金针虫、地老虎等。

按常规方法进行防治。

（六）采收

麦门冬栽种后，第二年 4 月即可收获。选晴天，用锄或犁耕翻 23～26cm，将麦冬全株翻出土面，然后抖落根部泥土，用刀切下块根和须根，分别放入箩筐中，置于流水中，用脚踩淘洗，洗净泥沙，运回加工。

二十二、天门冬

天门冬（*Asparagus cochinchinensis*（Lour.）Merr.），俗名三百棒、武竹、丝冬、老虎尾巴根、天冬草、明天冬，为百合科天门冬属多年生草本植物，分布于中国、朝鲜、日本、老挝和越南，国内分布于华东、中南、河北、河南、陕西、山西、甘肃、四川、台湾、贵州等省区。多生长于山野林缘阴湿地、丘陵地灌木丛中或山坡草丛。天门冬的块根是常用的中药，天门冬根部纺锤状，叶状枝一般每 3 枚成簇，淡绿色腋生花朵，浆果熟时红色，很有观赏价值。

（一）药用价值

性味：性寒，味甘微苦。

归经：入肺、肾经。

功效：养阴生津、润肺清心、除燥降火。

主治：阴虚发热，咳嗽吐血，肺痿，肺痈，咽喉肿痛，消渴，便秘，小便不利。

《本草衍义》：天门冬，治肺热之功为多，其味苦，但专泄而不专收，寒多人禁服。

《本草蒙筌》：天、麦门冬，并入手太阴经，而能袪烦解渴，止咳消痰，功用似同，实亦有偏胜也。

《本草汇言》：天门冬，润燥滋阴，降火清肺之药也。统理肺肾火燥为病，如肺热叶焦，发为痿痈，吐血咳嗽，烦渴传为肾消，骨蒸热劳诸证，在所必需者也。

《长沙药解》：天冬清金化水，止渴生津，消咽喉肿痛，除咳吐脓血。

《本经》：主诸暴风湿偏痹，强骨髓，杀三虫。

《名医别录》：保定肺气，去寒热，养肌肤，益气力，利小便，冷而能补。

《药性论》：主肺气咳逆，喘息促急，除热，通肾气，疗肺痿生痈吐脓，治湿疥，止消渴，去热中风，宜久服。

《千金方》：治虚劳绝伤，老年衰损羸瘦，偏枯不随，风湿不仁，冷痹，心腹积聚，恶疮，痈疽肿癞，亦治阳痿、耳聋、目暗。

《日华子本草》：镇心，润五脏，益皮肤，悦颜色，补五劳七伤，治肺气并嗽，消痰、风痹热毒、游风、烦闷吐血。

王好古：主心病嗌干，心痛，渴而欲饮，痿蹶嗜卧，足下热痛。

《本草蒙筌》：能除热淋，止血溢妄行，润粪燥秘结。

《本草纲目》：润燥滋阴，清金降火。

《植物名实图考》：拔疔毒。

（二）生长习性

天门冬喜温暖，不耐严寒，忌高温，常分布于海拔1000m以下山区。夏季凉爽、冬季温暖、年平均气温18～20℃的地区适宜生长。喜阴、怕强光，天门冬块根发达，入土深达50cm，适宜在土层深厚、疏松肥沃、湿润且排水良好的沙壤土（黑砂土）或腐殖质丰富的土中生长。

（三）繁殖方法

种子繁殖。

每年的9—10月，果实由绿色变成红色时采收。堆积发酵后，选粒大而充实的做种。播种期分为春播和秋播。春播在3月下旬，秋播在9月上旬～10月上旬。

（四）栽培技术

1. 选地整地

播种前深翻犁耙整地，整平整碎，施足基肥，起宽100cm的高畦播种。

2. 播种方法

在畦内按沟距20～24cm开横沟，沟深5～7cm，播幅6cm，种距2～3cm。每亩用种子10～12kg。播后覆盖堆肥或草木灰，再盖细土与畦面相平，上面再盖稻草保湿。气温在17～20℃，并有足够的湿度，播后18～20天出苗，发芽后揭去盖草。

幼苗开始出土时需搭棚遮阴，也可在畦间用玉米等作物遮阴，经常保持土壤湿润。在苗高3cm左右时拔草施肥。秋季结合松土施肥，肥料以人畜粪为主。每次每亩施用1000～1500kg，一年以后的幼苗即可定植。

3. 定植

一般在10月或春季末萌芽前，幼苗高10～12cm时带土定植。起苗时按大小分级分别栽植。按行距50cm、株距24cm开穴。

4. 淋水保苗

定植后1个月内保持土壤湿润，遇旱要经常淋水，促进发芽长苗。出苗后及时扦插竹竿或木杆，让苗攀援向上生长，避免相互缠绕扭结，以利于通风透光和田间管理。

5. 中耕除草

一般在4—5月进行第一次中耕，以后根据杂草的生长情况和土壤的板结程度决定中耕与否。中耕要求达到土壤疏松，彻底铲除杂草。中耕宜浅，以免伤根，影响块根生长。

6. 适时追肥

天门冬是一种耐肥植物，需施足基肥，多次追肥。第一次追肥在种植后40天左右，苗长至40cm以上时进行。过早施肥容易导致根头切口感染病菌，影响成活。一般每亩施人畜粪水1000kg。以后每长出一批新苗追肥3次，即初长芽尖时施第一次，促进早发芽，每亩施人畜粪水1000kg；苗出土而未长叶时施第二次，促进块根生长；叶长出以后施第三次，以促进第二批新芽早长出，后两次施厩肥、草木灰或草皮灰加钙镁磷肥，结合培土。施肥时不要让肥料接触根部，应在畦边或行间开穴开沟施下．施后覆土。

7. 调节透光度

林间种植，入秋后至初冬，进行疏枝，使内透光达50%以上；夏季光照强，天门冬所需光照少，适当加大荫蔽度。在空旷地种植，应插树枝遮阴，春秋季宜稀，地内透光度50%～60%；夏季宜密，地内透光30%～40%。

（五）病虫害防治

1. 根腐病

天门冬根腐病先从1条根块的尾端烂起，逐渐向根头部发展，最后整条根块内成浆糊状，发病1个多月后，整条根块变成黑色空泡状。此病多是由于土质过于潮湿或被地下虫害咬伤，或培土肥施碰伤所致。防治方法：做好排水工作，在病株周围撒些生石灰粉。

2. 红蜘蛛、蚜虫

按常规方法进行防治。

（六）采收

一般种植需3年才能采收。在10月至第二年3月萌芽前，选择晴天，先把插杆拔除，割除茎蔓，然后挖开根四周土壤，小心地把块根取出，抖去泥土，摘下块根，剪去须根，用清水洗去泥沙，然后准备加工。

二十三、藿香

藿香（*Agastache rugosa*（Fisch. & C. A. Mey.）Kuntze），俗名合香、苍告、山茴香等，属唇形科藿香属多年生草本植物，茎直立，高 0.5 ~ 1.5m，花期 6—9 月，果期 9—11 月。中国各地广泛分布，主产于四川、江苏、浙江、湖南、广东等地，俄罗斯、朝鲜、日本及北美洲有分布。

由于藿香本身是一种具有芳香味的植物，全株都具有香味，所以常常将藿香与其他具有芳香味的植物进行搭配种植。

藿香绿化带多用于花径、池畔和庭院成片栽植。

（一）药用价值

性味：辛，微温。

归经：归脾、胃、肺经。

功能：芳香化浊，和中止呕，发表解暑。

主治：用于湿浊中阻，脘痞呕吐，暑湿表证，湿温初起，发热倦怠，胸闷不舒，寒湿闭暑，腹痛吐泻，鼻渊头痛。

《药品化义》：藿香，其气芳香，善行胃气，以此调中，治呕吐霍乱，以此快气，除秽恶痞闷。

《本草正义》：藿香，清芬微温，善理中州湿浊痰涎，为醒脾快胃，振动清阳妙品。

《名医别录》：治风水毒肿者，祛除湿浊，自能清理水道也。去恶气者，湿漫中宫之浊气也。

（二）生长习性

喜高温、阳光充足的环境，年平均气温 19 ~ 26℃的地区较宜生长，温度高于 35℃或低于 16℃时生长缓慢或停止。喜欢生长在湿润、多雨的环境，怕干旱，要求年降雨量达 1600mm 以上。幼苗期喜雨，生长期喜湿度大的环境。苗期喜荫，需搭棚或盖草，成株可在全光照下生长。根比较耐寒，在北方能越冬，次年返青；地上部不耐寒，霜降后大量落叶，逐渐枯死。

对土壤要求不严，一般土壤均可生长，但以土层深厚肥沃而疏松的砂质壤土或壤土为佳。怕积水，在易积水的低洼地种植，根部易腐烂而死亡。

（三）繁殖方法

藿香多用种子繁殖，当年播种，当年收获为新藿香，叶子多，叶片质量好，也可宿根繁殖（老藿香），是指留种的新藿香收过种子后，让其老根在原地越冬，翌春新苗出土后移至大田。

（四）栽培技术

1. 整地播种育苗

北方春季播种在 4 月中下旬育苗，撒播或条播。苗床选择排灌、管理方便、肥力中上的壤土或沙壤土地块为好；结合翻耕施腐熟农家肥 22.5t/hm^2 做基肥；然后开沟整成边沟 1.5m 宽的龟背形苗床，用腐熟人粪尿 7.5t/hm^2 浇湿畦面，将种子拌细沙或草木灰均匀撒于畦面后，用细泥∶草木灰 = 1∶0.5 的肥土覆盖约 1cm 厚；最后用竹片或小树枝在畦面上间隔约 80cm 架成小拱形盖上薄膜保温育苗。气温保持在 20 ~ 25℃时，10 ~ 15 天出苗，出苗率达 70% 时，揭去薄膜。

育苗播种量：2 ~ 4g/m^2，每亩大田用种量 500 ~ 800g。

2. 定植

当苗高 12 ~ 15cm，4 ~ 6 片真叶时，按株距 25cm，行距 40m 定植，每亩定植 6000 ~ 7000 株，定植后浇透定根水。

3. 温度管理

适宜生长温度 18 ~ 25℃，当年春播的藿香在苗高 12cm，主茎有 5 对叶子时，基部的叶腋开始发生分枝，6 月以后，气温升高，雨季来临，藿香进入旺盛生长期。

4. 水肥管理

藿香茎叶均做药用，施肥以“全肥”为好（包括氮、磷、钾），如人畜粪、油饼等。第一次追肥在苗高 3cm 松土后每平方米施腐熟稀薄人畜粪水 1.5 ~ 2kg，以后分别在苗高 7 ~ 10cm、15 ~ 20cm、25 ~ 30cm 时，中耕除草后，每次每亩施腐熟人畜粪水 1500kg，或每亩施磷酸二铵 10 ~ 12kg，施肥后应浇水，封垄后不再追肥。旱季要及时浇水，抗旱保苗，雨季及时疏沟排水，防止积水引起植株烂根。

5. 中耕除草

第一次收获前中耕除草 2 ~ 3 次，分别在苗高 3cm、12 ~ 15cm、21 ~ 24cm

时进行。苗高 25 ~ 30cm 时第 2 次收割后进行培土 6cm 护根。

（五）病虫害防治

1. 根腐病

此病多发生于夏季多雨季节，病株从根部和根状茎处发生腐烂，逐渐延至地上部，使皮层变褐色，最后枯萎而死。防治方法为拔除病株并集中烧毁，再在病穴上撒入石灰消毒，或 50% 甲基托布津 800 倍液，或用 50% 多菌灵 500 倍液浇灌病穴。

2. 枯萎病

在 6 月中旬至 7 月上旬发生，最初病株叶片及叶梢部下垂，青枯状，最后根部腐烂，全株枯死。防治方法为叶面喷施磷酸二氢钾，提高植株抗病力；发病初期拔除病株并用 50% 多菌灵 500 倍液，或 50% 甲基托布津 800 倍液，或 40% 多菌灵胶悬液 500 倍液浇灌病穴及邻近植株根部，防止蔓延。

3. 褐斑病

主要危害叶片，5—6 月份在叶面形成近圆形的病斑，中间淡褐色，边缘暗褐色，并生淡黑色霉状物，潮湿雨季严重。防治方法为摘除病叶烧毁，用 1∶1∶120 比例的波尔多液，或 64% 杀毒矾可湿性粉剂 500 倍液，或 58% 甲霜灵锰锌 500 倍液喷雾防治。

4. 银纹叶蛾

银纹叶蛾以其幼虫咬食叶片成孔洞或缺刻，幼虫白天潜伏在叶背，晚上和阴天多在叶面取食。防治方法：用 90% 晶体敌百虫 1000 倍液喷雾。

5. 卷叶螟

卷叶螟以其幼虫在幼芽、幼叶上吐丝卷叶，藏于其中咀食叶片。防治方法：用敌百虫 300 ~ 400 倍液叶面喷洒。

（六）采收

多在枝叶生长旺盛时采收。3—4 月栽培的，在当年 11—12 月采收；8—9 月份栽种则到翌年 4—5 月或 7—8 月采收。选择晴天露水干后，将全株拔起，抖去附在根上的泥土，及时摊开曝晒数小时，使叶片稍呈皱缩状，捆扎成小扎，砍去根部，每把 7 ~ 10kg，分层交错堆叠一个夜晚，将叶色闷黄，堆叠时，切勿将叶与根部混叠，第 2 天再摊开暴晒，直至晒至足干，置干燥处存放。

二十四、白术

白术（zhú）（*Atractylodes macrocephala* Koidz.），俗名桴蓟、于术、冬白术、淅术、杨桴、吴术、片术、苍术等，属于菊科苍术属多年生草本植物，以根茎入药，具有多项药用功能。在江苏、浙江、福建、江西、安徽、四川、湖北、湖南等地有种植，在江西、湖南、浙江、四川有野生，野生于山坡草地及山坡林下。

（一）药用价值

性味：味苦，甘，性温。

归经：归脾、胃经。

功效：健脾益气，燥湿利水，止汗，安胎。

主治：健脾益气，燥湿利水，止汗，安胎。用于脾虚食少，腹胀泄泻，痰饮眩悸，水肿，自汗，胎动不安。土白术健脾，和胃，安胎。用于脾虚食少，泄泻便溏，胎动不安。

《神农本草经》：气味甘温，无毒，治风寒湿痹、死肌、痉疸，止汗、除热、消食。

《名医别录》：味甘，无毒。主治大风在身面，风眩头痛，目泪出，消痰水，逐皮间风水结肿，除心下急满，及霍乱，吐下不止，利腰脐间血，益津液，暖胃，消谷，嗜食。

《药性论》：君，味甘，辛，无毒。能主大风顽痹，多年气痢，心腹胀痛，破消宿食，开胃，去痰涎，除寒热，止下泄。主面光悦，驻颜，去黑。治水肿胀满，吐呕逆，腹内冷痛，吐泻不住，及胃气虚冷痢。

《日华子本草》：治一切风疾，五劳七伤，冷气腹胀，补腰膝，消痰，治水气，利小便，止反胃呕逆，及筋骨弱软，痰癖气块，妇人冷，症瘕，温疾，山岚瘴气，除烦，长肌。

《开宝本草》：味苦、甘，温，无毒。主大风在身面，风眩头痛，目泪出，消痰水，逐皮间风水结肿，除心下急满，及霍乱、吐下水止，利腰脐间血，益津液，暖胃，消谷，嗜食。

《药类法象》：除温益燥，和中益气，利腰脐间血，除胃中热。去诸经之湿，理胃。

《药性赋》：味甘，气温，无毒。可升可降，阳也。其用有四：利水道，有除湿之功；强脾胃，有进食之效，佐黄芩有安胎之能，君枳实有消痞之妙。

《汤液本草》：气温，味甘。苦而甘温，味厚气薄，阴中阳也，无毒。入手太阳、少阴经，足阳明、太阴、少阴、厥阴四经。

（二）生长习性

白术喜凉爽气候，怕高温高湿，忌连作。在气温30℃以下时，植株生点速度随气温升高而加快，如气温升至30℃以上时生长受到抑制，而地下部的生长以26～28℃为最适宜。白术较能耐寒，对土壤水分要求不严格，但以排水良好、土层深厚的微酸、微碱及轻黏土为宜。以排水良好的沙质壤土为好，而不宜在低洼地种植。

（三）繁殖方法

采用种子繁殖，第一年播种育苗，培育壮苗，第二年移栽。

（四）栽培技术

1. 育苗

（1）种子的选择和处理　选择籽粒饱满、无病害的种子。清明至谷雨用常温水浸泡24h后，层积处理，用湿布覆盖催芽4～6天，温度控制在21～27℃，待种子露白时取出种子用清水洗净，再用浓度10%的五氯硝基苯溶液拌种消毒即可播种。

（2）苗床整理　苗床选择土壤肥沃、土质疏松的沙壤土，在播种前一个月每亩施有机复合肥400kg，翻入土中，整平耙田，做成宽1.5～2m的高厢，厢深25cm，厢面呈瓦背形，长度依地形而定。腰沟、围沟，一般要深于厢沟10cm，以便排水。

（3）播种　在3月下旬至4月上旬播种，采用点播，即按行距7cm、株距5cm、深3cm做好印板，两人对面持印板在整好的厢面上依次盖印，厢面上即留下孔穴，每穴播种2～3粒，然后盖上细黄土，用竹扫帚扫平，上面再盖上一层茅草，以防雨水冲击，土壤板结，每亩需种子3.5kg。播种前用25%多菌灵可湿性粉剂500倍液进行种子消毒。

（4）苗床管理　播种后10天至半月陆续出苗，这时要注意勤除杂草，分批锄除过密的弱苗，同时注意防治病虫害，天旱时最好用竹枝或树枝遮阴，行间盖草，并于早晚浇水抗旱，浇水要均匀。雨后要清沟刨边，排除渍水。6月以后若见花薹，要及时摘除，以免消耗养分，影响白术苗栽质量。

2. 移栽

（1）选地整地　栽种白术要间隔4年以上，选择土地肥沃、疏松、土层深厚、排水良好的沙质壤土，于冬前将选好的地进行深翻30～50cm，并进行土壤消毒处理。每亩施有机复合肥200kg，过磷酸钙50kg，整地和施肥同时进行，二犁三耙，做成宽2m的高厢，厢深25cm以上。开好排水沟，做到三沟配套。

（2）移栽　南方栽种时期从12月至次年1月上旬，北方为3—4月。栽植时按株行距18cm×21cm开穴，每亩基本苗控制在9000～11000株，白术苗入穴中要直栽，不要横栽，白术栽入土后，穴面上盖上细土，厚约5cm。

3. 田间管理

（1）中耕除草　幼苗期，只能用手拔草，5月以后，苗架逐渐长大，可于5～8月中耕培土3次，中耕要掌握薄锄浅除。靠根的要用手拔，暴雨后要立即松表土透气，降低田间湿度。

（2）追肥　追肥分为三次，第一次催苗肥在4月（清明至谷雨）出苗后，每亩用有机复合肥100kg，在株间开小行，施入行中后覆土；第二次壮苗肥，在5月间，每亩用有机复合肥200kg再行施入；第三次丰产肥在摘去花蕾后，用有机复合肥300kg，在行间起沟施入，用土覆盖。

（3）摘除花蕾　7月中旬，白术的花蕾都已基本形成，为了取得健强的种子和避免养分消耗影响根块生长，要在25天内分2～3批摘除留种以外的花蕾。方法是每株除留顶部四周4～5个健壮饱满的花蕾外，顶正中的一个及四周多余的花蕾应全部摘除，然后喷洒2%过磷酸钙水溶液。若不留种子的，花蕾全部摘除。

4. 留种

留种的白术应是大叶种，且要选择术株高大、分枝较少、健壮整齐的无病虫害的白术株，每株留5～6个花蕾，摘除早开或迟开的花蕾，使养分充分供应种子生长发育，有利于提高种子质量。

（五）病虫害防治

1. 根腐病

一般多发生在多雨的春季和仲夏，由根部向外腐烂，地上部逐渐枯萎。防治方法为采用综合防治的方法，忌连作，选择无病白术移栽，种植前用25%多菌灵可湿性粉剂500倍浸白术12～24h；如发现病株，立即拔除，并搬去窝土集中烧毁。病穴以生石灰消毒，实行保护性预防传染。

2. 立枯病

受害白术株根部出现黄褐色病斑，随后病斑扩大，病株倒伏枯死。防治方法为注意排水，发病初期用50%多菌灵可湿性粉剂1000倍液浇灌或用移栽灵混剂浇灌。

3. 干枯病

在4月下旬至5月上旬开始发生，尤其在低温多雨、表面土板结的情况下，发病较重。幼苗被害后，茎基部出现黄褐色的病斑，随后病斑扩大，呈黑褐色干缩凹陷，严重时病株倒伏枯死。防治方法为雨后及时松土，防止土壤板结。发病初期用50%的多菌灵600倍液或50%的甲基托布津1000倍液浇灌病株。

4. 花叶病

6月发病较多，植株受害后，生长势减弱，节间缩短，分枝增多，叶片细小干缩，边缘呈波状，叶片呈现黄绿相间的花叶疱症，根茎畸形瘦小，品质变劣。防治方法可用2.5%的溴氰菊酯或20%速灭杀酊3000倍液，杀灭白术棵及周围杂草上的蚜虫，减少毒源。

5. 锈病

在发病初期用0.2~0.3°Be石硫合剂或97%敌锈钢300倍液喷施，7~10天喷1次，连喷2~3次。

6. 根腐病

下种前用50%退菌特1000倍液浸种35min，对病区在发病期用50%甲基托布津或50%多菌灵1000倍液浇灌。

7. 蚜虫

按常规方法进行防治。

（六）采收

一般在10月下旬或11月中旬白术株茎叶转枯褐色时即可收获，收获时选晴天将植株挖取，敲去泥土，剪去茎秆，留下根茎加工。

二十五、石蒜

石蒜（*Lycoris radiata*（L'Hér.）Herb.），俗名龙爪花、蟑螂花，为石蒜科石蒜属植物。野生于阴湿山坡和溪沟边，庭院也栽培。分布于中国山东、河南、安徽、江苏、浙江、江西、福建、湖北、湖南、广东、广西、陕西、四川、贵州、云南。日本也有。秋季出叶，叶狭带状，长约15cm，宽约0.5cm，顶端钝，深绿色，中间有粉绿色带。花茎高约30cm，伞形花序，有花4～7朵。花期8—9月，果期10月。

石蒜是东亚常见的园林观赏植物，冬赏其叶，秋赏其花，是优良宿根草本花卉，园林中常用作背阴处绿化或林下地被花卉，花境丛植或山石间自然式栽植。因其开花时光叶，所以应与其他较耐明的草本植物搭配为好。可作花坛或花径材料，亦是美丽的切花。

（一）药用价值

性味：辛，温，有小毒。

归经：入肺、肝二经。

功能：解毒，祛痰，利尿，催吐。

主治：用于咽喉肿痛，水肿；小便不利，痈肿疮毒，瘰疬，咳嗽痰喘，食物中毒。

《本草图经》：辛，温，有小毒。

《本草纲目》：辛甘，温，有小毒。

《本草图经》：主敷贴肿毒。

《本草纲目》：疔疮恶核，河水煎服，取汗，及捣敷之。又中溪毒者，酒煮半升服，取吐。

《纲目拾遗》：治喉风，痰核，白火丹，肺痈，煎酒服。

《中国药植图鉴》：治肋膜炎、腹膜炎的蓄水症。

《陕西中药志》：祛痰，催吐，利尿，消痈肿。主治小便不利，咳嗽痰喘，食物中毒。

《闽东本草》：清热，解毒，散结，消肿。治痢疾。

（二）生长习性

性耐寒性强，喜阴，能忍受的高温极限为日平均温度24℃；喜湿润，也耐干旱，习惯于偏酸性土壤，以疏松、肥沃的腐殖质土最好。有夏季休眠习性。石蒜属植物的适应性强，较耐寒。对土壤要求不严，以富有腐殖质的土壤和阴湿而排水良好的环境为好，pH 为6.0～7.0。在自然界常野生于缓坡林缘、溪边等比较湿润及排水良好的地方，还能生长于丘陵山区山顶的石缝土层稍深厚的地方。

（三）繁殖方法

以分球、播种、鳞块基底切割和组织培养等方法繁殖。最简便的方法是采取分球的方式，在休眠期或开花后将植株挖起来，将母球附近附生的子球取下种植，约一两年便可开花。易结籽的种类也可用播种法繁殖，但通常需要二到五年的时间才能开花。大型鳞茎类，可将大球放射状纵切成八到十六块，插于干净砂床，约三四个月即可长成新的植株。

（四）栽培技术

1. 栽种

春秋季均可栽种。一般温暖地区多行秋植，北方寒冷地区常作春植，栽植深度以鳞茎顶部略盖入土表为宜。栽后不宜每年起栽，通常 4～5 年挖出分栽一次。把主球四周的小鳞茎剥下进行繁殖。将主球的残根修掉，晒两天，待伤口干燥后即可栽种。栽培地要求地势高且排水良好。株行距 15cm × 20cm，覆土时，球的顶部要露出土面。

2. 施肥

一般每年施肥 2～4 次，第 1 次在落叶后至开花前，可使用有机肥或复合肥。做切花的，在花蕾含苞待放前追施。第 2 次在 10 月底 11 月初开花后生长期前。采花之后继续供水供肥，但要减施氮肥，增施磷、钾肥，使鳞茎健壮充实。秋后应停肥、停水，使其逐步休眠。

挖球要选晴天，土干时挖起，除去泥土，略加干燥后贮藏。也可剪去叶片后，带土放温室内休眠，室温保持 5～10℃，室内保持干燥，空气流通，以防球根腐烂。

3. 温度管理

石蒜喜爱温暖的气候，生育适温在 15～25℃，较适合在北部栽种。

4. 日照管理

石蒜科球根花卉多数喜爱在阳光充足的环境下生长，全日照或半日照的环境下皆很适合，光线不足会造成开花不良。

5. 水分管理

石蒜球根花卉膨大的地下茎使它们较能忍受水分的缺乏，不过在排水优良的土地里，供应充足的水分才能使它们充分生长，进入休眠期，不再浇水或施肥。

（五）病虫害防治

1. 细菌性软腐病

防治方法：鳞茎栽植前用0.3%硫酸铜液浸泡30min，用水洗净，晾干后种植。每隔半月喷50%多菌灵可湿性粉剂500倍液防治。发病初期用50%苯来特2500倍液喷洒。

2. 斜纹夜盗蛾

主要以幼虫危害叶子、花蕾、果实，啃食叶肉，咬蛀花葶、种子，一般在春末到11月份危害。防治方法：可用5%锐劲特悬浮剂2500倍液，万灵1000倍液防治。

3. 石蒜夜蛾

其幼虫入侵的植株，通常叶片被掏空，且可以直接蛀食鳞茎内部，受害处通常会留下大量的绿色或褐色粪粒，经常注意叶背，有无排列整齐的虫卵，发现即刻清除。防治上可结合冬季或早春翻地，挖除越冬虫蛹，减少虫口基数；发生时，喷施药剂乐斯本1500倍或辛硫膦乳油800倍，选择在早晨或傍晚幼虫出来活动（取食）时喷雾，防治效果比较好。

4. 蓟马

主要在球茎发叶处，吸食营养，导致叶片失绿，尤其是果实成熟后发现较多。防治方法：可以用25%吡虫啉3000倍液，70%艾美乐6000～10000倍液轮换喷雾防治。

（六）采收

挖球要选晴天，土干时挖起，除去泥土，略加干燥后贮藏。也可剪去叶片后，带土放温室内休眠，室温保持5～10℃，室内保持干燥，空气流通，以防球根腐烂。

二十六、夏枯草

夏枯草（*Prunella vulgaris* L.），俗名麦穗夏枯草、铁线夏枯草（云南丛书）、麦夏枯、铁线夏枯（滇南本草）、夕句、乃东（本经）等，为唇形科夏枯草属多年生草本植物，生长在山沟水湿地或河岸两旁湿草丛、荒地、路旁，广泛分布于中国各地，以河南、安徽、江苏、湖南等省为主要产地。世界分布在欧洲各地，北非、西亚、印度、巴基斯坦、尼泊尔等地均广泛分布，澳大利亚及北美洲亦偶见。花期4—6月，果期7—10月。

（一）药用价值

性味：辛、苦，寒。

归经：入肝、胆经。

功效：清热泻火，明目，散结消肿。

主治：寒热、瘰疬、鼠瘘、头疮，破症。散瘿结气，脚肿湿痹。

《本草纲目》：夏枯草治目疼，用砂糖水浸一夜用，取其能解内热，缓肝火也。

《重庆堂笔记》：夏枯草，微辛而甘，故散结之中，兼有和阳养阴之功，失血后不寐者服之即寐，其性可见矣。陈久者尤甘，入药为胜。

《本草通玄》：夏枯草，补养厥阴血脉，又能疏通结气。目痛、瘰疬皆系肝症，故建神功。然久用亦防伤胃，与参、术同行，方可久服无弊。

《本草求真》：夏枯草，辛苦微寒。按书所论治功，多言散结解热，能愈一切瘰疬湿痹，目珠夜痛等症，似得以寒清热之义矣。何书又言气禀纯阳，及补肝血，得毋自相矛盾乎？讵知气虽寒而味则辛，凡结得辛则散，其气虽寒犹温，故云能以补血也。是以一切热郁肝经等证，得此治无不效，以其得藉解散之功耳。若属内火，治不宜用。

《本草正义》：夏枯草之性，《本经》本言苦辛，并无寒字，孙氏问经堂本可证。

（二）生长习性

夏枯草喜温暖湿润的环境。能耐寒，适应性强，但以阳光充足、排水良好的沙质壤土为好。也可在旱坡地、山脚、林边草地、路旁、田野种植，但低洼易涝地不宜栽培。

（三）繁殖方法

夏枯草可以采用种子繁殖和分株繁殖的方法进行繁殖。

1. 种子繁殖

（1）采种　花穗变黄褐色时，摘下果穗晒干，抖下种子，去其杂质，贮存备用。

（2）播种　北方春播，于3月下旬至4月中旬；秋播于8月下旬。多用条播，在畦上按行距20～25cm开沟，沟深0.5～1cm。将种子均匀播入沟中覆细土，稍稍镇压，浇水，经常保持土壤湿润。15天左右出苗，每亩用种量0.5～1kg。

2. 分株繁殖

春季未萌芽时，将老根挖出，进行分株。按行株距25cm×10cm挖穴，每穴栽1～2株。栽后覆土压实，浇水，保持土壤湿润，7～10天出苗。

（四）栽培技术

1. 选地整地

选择排水良好的沙壤地块播种。播种前深耕细耙，做到土细厢平。耙时每亩施入腐熟堆厩肥2000kg或48%进口复合肥25～30kg，土、肥拌匀，然后整成畦宽1.2m的厢面，同时开好三沟待播（或育苗）。

2. 育苗

8月中下旬至9月底是最好的播种育苗时间，可撒播或点播。撒播时种子可拌细沙或细土匀播，同时掌握好播量，撒播每亩用种1.0～1.5kg（种子发芽率低于30%时加倍播量）。点播可直接用种子播种，每穴播8～10粒，每亩播1.7万穴（20cm×20cm），每亩用种0.5～1.0kg，播后轻覆盖土。如播后遇天旱，应及时补水或灌一次跑马水，15～20天后出苗，苗期人工进行除草1～2次。

3. 选苗定苗

在苗4片叶左右时，结合除草，去小苗留大苗，去弱苗留壮苗。在10片叶（开始分蘖）左右时定苗，按5～6寸株行距定好基本苗，基本保证每蔸2～3个壮苗。

4. 除草追肥

做到出苗后及时除草，除大草，尽量除早除尽。追肥一般进行2次，第一次在 3 月中旬前后分蘖期时每亩用尿素 5 ~ 10kg（视田块肥力定量）撒施，第二次在 5 月中旬前后花末期时每亩用复合肥 10 ~ 15kg 撒施。追肥时选择在土壤墒情好时或雨前进行，以便肥料被作物更好地吸收。

（五）病虫害防治

夏枯草适应性强，整个生长过程中很少有病虫害。

（六）采收

当 6 月份植株果穗 80% 现黄渐变成棕褐色时，趁晴天可挤莵割下或将果穗割回晒干收籽。干草及干果穗分别储藏。

二十七、枸杞

枸杞（*Lycium chinense* Mill.），是茄科枸杞属的多分枝灌木植物，中国、朝鲜、日本、欧洲有栽培或逸为野生，是人们对商品枸杞子、植物宁夏枸杞、中华枸杞等枸杞属下物种的统称。人们日常食用和药用的枸杞子多为宁夏枸杞的果实“枸杞子”，而且宁夏枸杞是唯一载入《2010 年版中国药典》的品种。

宁夏枸杞在中国栽培面积最大。宁夏枸杞主要分布在中国西北地区，而其它地区常见的为中华枸杞及其变种。

中华枸杞分布于中国东北、河北、山西、陕西、甘肃南部以及西南、华中、华南和华东各省区；朝鲜、日本、欧洲有栽培或逸为野生。常生于山坡、荒地、丘陵地、盐碱地、路旁及村边宅旁。在我国除普遍野生外，各地也有做药用、蔬菜或绿化栽培。

如果“枸杞”指的是商品“枸杞子”，则基本是指来源于宁夏枸杞的干燥成熟果实；如果“枸杞”指的是除西北以外地区的野生枸杞植物，则基本是植物枸杞或者北方枸杞。

宁夏枸杞树形婀娜，叶翠绿，花淡紫，果实鲜红，是很好的盆景观赏植物，现已有部分枸杞观赏栽培。

枸杞还有很高的林业价值，由于其耐干旱，可生长在沙地，因此可作为水土保持的灌木，而且由于其耐盐碱，成为盐碱地开树先锋。

枸杞既是传统名贵中药材，又是一种营养滋补品。在卫生部公布的 63 种药食两用的名单中，名列榜首。

（一）药用价值

性味：甘，平。

归经：归肝、肾经。

功能：滋补肝肾，益精明目。

主治：用于肝肾阴虚证，平补肝肾，有滋补强壮作用。

《神农本草经》：枸杞久服能坚筋骨、耐寒暑，轻身不老，乃中药中之上品。

《本草纲目》：枸杞子甘平而润，性滋补……能补肾、润肺、生精、益气，此乃平补之药。

《中华本草》：内服：煎汤，5~15g；或入丸、散、膏、酒剂。

《本草经疏》：脾胃薄弱，时时泄泻者勿入。

《本草汇言》：脾胃有寒痰冷癖者勿入。

《本经逢原》：元阳气衰，阴虚精滑之人慎用。

《本草撮要》：得熟地良。

（二）生长习性

枸杞喜冷凉气候，耐寒力很强。当气温稳定通过7℃左右时，种子即可萌发，幼苗可抵抗-3℃低温。春季气温在6℃以上时，春芽开始萌动。枸杞在-25℃越冬无冻害。枸杞根系发达，抗旱能力强，在干旱荒漠地仍能生长。生产上为获高产，仍需保证水分供给，特别是花果期必须有充足的水分。长期积水的低洼地对枸杞生长不利，甚至引起烂根或死亡。

光照充足，枸杞枝条生长健壮，花果多，果粒大，产量高，品质好。枸杞多生长在碱性土和砂质壤土，最适合在土层深厚、肥沃的壤土上栽培。

（三）繁殖方法

1. 种子繁殖

选用优良品种，以采果大、色鲜艳、无病虫斑的成熟果实，夏季采摘后，用30~60℃温水浸泡，搓揉种子，洗净，晾干备用。在播种前用湿沙（1:3）拌匀，置20℃室温下催芽，待有30%种子露白时用清水浸泡种子一昼夜，再行播种。春、夏、秋季均可播种，以春播为主。春播3月下旬至4月上旬，按行距40cm开沟条播，深1.5~3cm，覆土1~3cm。幼苗出土后，要根据土壤墒情，注意灌水。苗高1.5~3cm，松土除草1次，以后每隔20~30天松土除草1次。苗高6~9cm时定苗，株距12~15cm，每1hm^2留苗15万~18万株。结合灌水在5、6、7月追肥3次，为保证苗木生长，应及时去除幼株离地40cm部位生长的侧芽，苗高60cm时应行摘心，以加速主干和上部侧枝生长，当根粗0.7cm时，可出圃移栽。

2. 扦插繁殖

在优良母株上，采粗0.3cm以上的已木质化的一年生枝条，剪成18~20cm长的插穗，扎成小捆竖在盆中，用100mg/L的萘乙酸浸泡2~3h，然后扦插，按株距6~10cm斜插在沟内，填土踏实。

（四）栽培技术

1. 中耕

在5、6、7月中中耕除草1次。

2. 施肥

10月下旬至11月上旬施羊粪、厩肥、饼肥等做基肥，追肥可于5月施尿素和6～7月施磷、钾复合肥。

3. 幼树整形

枸杞栽后当年秋季在主干上部的四周选3～5个生长粗壮的枝条做主枝，并于20cm左右处短截，第2年春在此枝上发出新枝时于20～25cm处短截作为骨干枝。第3、4年仿照第2年办法继续利用骨干枝上的徒长枝扩大，加高充实树冠骨架。经过5～6年整形培养进入成年树阶段。成年树修剪，每年春季剪枯枝、交叉枝和根部萌蘖枝，夏季去密留疏，剪去徒长枝、病虫枝及针刺枝。秋季全面修剪，整理树冠，选取留良好的结果枝。

（五）病虫害防治

1. 炭疽病

主要危害青果、嫩枝、叶、蕾、花等。青果染病初在果面上生小黑点或不规则褐斑，半果或整果变黑，干燥时果实缆缩。防治方法：收获后及时剪去病枝、病果，清除树上和地面上病残果，集中深埋或烧毁。发病初期开始喷洒75%百菌清可湿性粉剂600倍液或70%代森锰锌可湿性粉剂500倍液、25%炭特灵可湿性粉剂500倍液等。采收前7天停止用药。

2. 白粉病

主要危害叶片和果实。叶片染病初生圆形至近圆形病斑，大小2～4mm，病斑边缘褐色，中央灰白色，叶背常生有黑灰色霉状物。果实染病也产生类似的症状。防治方法：选用枸杞良种；秋季落叶后及时清洁杞园，清除病叶和病果，集中深埋或烧毁，以减少菌源；进入6月开始喷洒70%代森锰锌可湿性粉剂500倍液或75%百菌清可湿性粉剂600倍液，隔10天左右1次，连续防治2～3次。采收前7天停止用药。

3. 灰斑病

主要危害叶片和果实。叶片染病初生圆形至近圆形病斑，大小2～4mm，病斑边缘褐色，中央灰白色，叶背常生有黑灰色霉状物。果实染病也产生类似的症状。防治方法：选用枸杞良种；秋季落叶后及时清洁杞园，清除病叶和病果，集中深埋或烧毁，以减少菌源；进入6月开始喷洒70%代森锰锌可湿性粉剂500倍液或75%百菌清可湿性粉剂600倍液，隔10天左右1次，连续防治2~3次。采收前7天停止用药。

4. 果蛾

幼虫主要危害枸杞幼蕾、花及果实，也取食嫩叶、嫩梢，造成花、蕾脱落，嫩叶、嫩梢生长畸形或枯萎。果实受害时，被害果表面正常，但内部被蛀成虫道，易脱落，晒后变成黑色霉果，品质下降。大发生时枸杞果实被害率可达30%。防治方法：冬季刮除树干皮缝中的越冬幼虫；春季剪除第一代幼虫危害的枝梢，消灭其中幼虫，以降低虫源量；4月上中旬第一代幼虫危害盛期，用90%敌百虫晶体800~1000倍液、2.5%溴氰菊酯乳油3000倍液或20%杀灭菊酯乳油2000倍液等喷雾，杀死枝梢部幼虫，控制第一代危害，减少2~3代发生量。

5. 瘿螨病

被害部位密生黄绿色近圆形隆起小点，叶片扭曲，类似病毒病，植株生长严重受阻，叶片和嫩茎不能食用，果实畸形，产量和品质降低。防治方法：成螨大量出现时，及时喷药毒杀，以降低害螨密度，可喷洒50%杀螨丹胶悬剂600倍或百螨快杀1000倍液，或1.8%爱比菌素3000~4000倍。

6. 木虱

主要危害叶片。防治方法：枸杞萌芽时用80%敌敌畏800倍液，喷洒树冠和周围环境以防治成虫，每亩75~100kg；枸杞展叶后每亩用25%喹硫磷150~200倍液喷雾以防治若虫；冬季清园。

7. 负泥虫

成虫、若虫均危害叶片，啃食叶肉，严重时枝条嫩叶全部吃光，呈火烧状。防治方法：冬季清园或春初结合浅耕，翻耕树下土壤以灭越冬成虫；枸杞萌芽时，成虫危害严重，可用2.5%敌杀死800~1000倍液喷雾，每亩用量75~100kg；枸杞果期危害时，用20%速灭杀丁600倍液喷雾，每亩用量约100kg。

（六）采收

6—11月果实陆续红熟，要分批采收，迅速将鲜果摊在芦蔗上，厚不超过3cm，一般以1.5cm为宜，放阴凉处晾至皮皱，然后曝晒至果皮起硬，果肉柔软时去果柄，再晒干。

枸杞叶：春季至初夏采摘，洗净，多鲜用。

二十八、苍术

苍术（*Atractylodes lancea*（Thunb.）DC.），菊科苍术属植物，花果期6～10月。分布黑龙江、辽宁、吉林、内蒙古、河北、山西、甘肃、陕西、河南、江苏、浙江、江西、安徽、四川、湖南、湖北等地，其中江苏是茅苍术的主要产区，称之地道苍术产区，一向调供全国。朝鲜及俄罗斯远东地区亦有分布。

《本草纲目》载："苍术，山蓟也，处处山中有之。苗高二三尺，其叶抱茎而生，梢间叶似棠梨叶，其脚下有三五叉，皆有锯齿小刺。根如老姜之状，苍黑色，肉白有油膏"。以上所述苍术与现时药用情况相符合。

由于其花期较长，因此亦可做盆景进入寻常百姓家庭。

（一）药用价值

性味：辛，苦，温。

归经：归脾、胃经。

功效：健脾，燥湿，解郁，辟秽。

主治：治湿盛困脾，倦怠嗜卧，脘痞腹胀，食欲不振，呕吐，泄泻，痢疾，疟疾，痰饮，水肿，时气感冒，风寒湿痹，足痿，夜盲。

陶弘景：除恶气。

刘完素：明目，暖水脏。

《珍珠囊》：能健胃安脾，诸湿肿非此不能除。

李杲：除湿发汗，健胃安脾，治痿要药。

朱震亨：散风益气，总解诸郁。

《本草纲目》：治湿痰留饮，或挟瘀血成窠囊，及脾湿下流，浊沥带下，滑泻肠风。

《玉楸药解》：燥土利水，泄饮消痰，行瘀，开郁，去漏，化癖，除癥，理吞酸去腐，辟山川瘴疠，回筋骨之痿软，清溲溺之混浊。

《本草求原》：止水泻飧泄，伤食暑泻，脾湿下血。

（二）生长习性

苍术多生长在稀疏柞桦林、灌木林带山坡草地、灌丛及林间草丛中，为稀见伴生植物。

土壤多为表土层疏松、肥沃、渗透性良好的暗棕壤或沙壤土；北苍术耐寒性强，喜冷凉，光照充足，喜昼夜温差较大的气候条件。茅苍术喜凉爽、温和、湿润的气候，耐寒力较强，怕强光和高温。野生于山坡草地、林下、灌丛及岩缝隙中。各地药圃广有栽培。

（三）繁殖方法

1. 种子繁殖

种子发芽率50%左右，4月初育苗。

苗床应选向阳地，播种前深翻，同时施基肥，北方用堆肥，南方施草木灰等，整细耙平后，做成宽100cm、长330～500cm畦，条播或撒播，每10000m^2用种量60～75kg，播后覆细土2～2.3cm，上盖一层稻草，经常浇水，保持土壤湿润，出苗后去掉盖草，苗高3cm左右时间苗，苗高10cm左右即可定植，南方育苗期约一年，次年3月上旬定植，定植地一般利用荒坡空地，于头年冬天耕翻，定植前再耕翻一次，除尽杂草，施足底肥，阴雨天或午后定植容易成活，行株距（23～40）cm×16.5cm，栽后覆土压紧，然后浇水。

2. 分株繁殖

春季4月，将老苗连根挖出，抖去泥土，用刀将每蔸切成若干小蔸，每一小蔸带1～3个根芽，然后按育苗定植法栽植，幼苗期勤除草，定植后须中耕、除草、培土（如不培土易东倒西歪），并追施稀粪1～2次。

3. 根茎繁殖

结合收获，挖取根茎，将带芽的根茎切下，其余做药用，待切口晾干后，按行株距20cm×20cm开穴栽种，每穴栽一块，覆土压实。

（四）栽培技术

幼苗期勤除草松土，施稀人粪尿或硫酸铵1～2次，5月施一次提苗肥，7—8月增施磷、钾肥，开沟环施，结合培土，以防倒伏；6—8月抽茎开花时，要摘除花蕾，促进根茎肥大；多雨季节要清理墒沟，排除田间积水，以免烂根；10月培土保苗越冬。

（五）病虫害防治

病害主要为根腐病，5、6 月发病，要注意开沟排水，发展病株立即拔除，用退菌特 50% 可湿性粉剂 1000 倍液或 1% 石灰水落浇，也可用 50% 托布津 800 倍液喷射。虫害有蚜虫危害叶片和嫩梢，尤以春夏季最为严重，可用化学药剂，或用 1∶1∶10 比例的烟草石灰水防治。

（六）采收

栽培 2 ~3 年后，9 月上旬至 11 月上旬或翌年 2—3 月，挖掘根茎，除掉残茎，抖掉泥土，晒干，去除根须或晒至九成干后用火燎掉须根，再晒至全干。

二十九、青葙

青葙（*Celosia argentea* L.），俗名野鸡冠花、鸡冠花、百日红、狗尾草，苋科青葙属一年生草本植物，种子供药用，有清热明目作用。分布于非洲热带、马来西亚、俄罗斯、印度、日本、泰国、缅甸、越南等国家，我国产于山东、江苏、安徽、浙江、福建、台湾、江西、湖北、湖南、广东、海南、广西、贵州、云南、四川、甘肃、陕西及河南，生于海拔 20 ~ 1500m 平原、田边、丘陵、山坡。

花柱紫色，花序宿存经久不凋，花被片红色、紫色、黄色、橙色或红色黄色相间，可供观赏，是很好的盆景材料。

青葙具有生长缓慢、寿命长、耐修剪、干粗枝柔、叶圆根露、枝间易愈合、极易造型等特点，是制作盆景的好材料，可做切花、瓶养花，也适宜园林种植。花期 5—8 月，果期 6—10 月。

（一）药用价值

性味：性寒，味甘微苦，无毒。

归经：入肝、膀胱经。

功效主治：

种子：治目赤肿痛，障翳，高血压，鼻衄，皮肤风热瘙痒，疥癞。祛风热，清肝火。疗唇口青。主恶疮疥瘙，治下部虫露疮。坚筋骨，去风寒湿痹。

花序：清肝凉血，明目退翳。治吐血，头风，目赤，血淋，月经不调，带下。

茎叶及根：燥湿清热，止血，杀虫。治风热身痒，疮疥，痔疮，外伤出血。

《本草正义》：青葙，古人用其茎叶，以为燥湿清热杀虫之用。盖苦寒滑利之品，最善利湿清热而疏泄厥阴，是以专清血分。

《本经》：主邪气，亦即以湿热之邪言之。

《神农本草经》：主邪气，皮肤中热，风瘙身痒，杀三虫。

《名医别录》：治恶疮疥风、痔蚀、下部疮。

《唐本草》：捣汁单服，大疗温疠、甘匿。

《日华子本草》：止金疮血。

（二）生长习性

青葙喜温暖，耐热不耐寒。生长适温25~30℃，20℃以下生长缓慢，遇霜凋萎；高于30℃，其产品品质较差。青葙属短日照植物，在秋季高温日照条件下易抽薹开花。对土壤要求不严，但吸肥力强，以有机质丰富、肥沃的疏松土壤产量高、品质好。有一定的抗寒力和耐旱力。喜生于石灰性土壤和肥沃的沙壤土，在黏性土壤中也能生长，但速度缓慢，在低洼积水的地方容易烂根。对二氧化硫、氟化氢及氯气的抗性都较强。

（三）繁殖方法

种子繁殖。

（四）栽培技术

1. 适时播种

青葙的露地栽培宜在日平均温度15℃以上播种。春播抽薹开花迟，生长期长，品质柔嫩，产量高；夏秋播种易抽薹开花，品质粗老，产量较低，3—6月为最佳播种期，一般出苗时间为3~7天。有设施条件的可周年种植。人工栽培多采用分期播种，连续采收，随时供应市场。由于青葙种子较小，为使播种均匀，可与2~3倍细土均匀拌和，播种后覆一层1cm左右的薄细土，稍压一遍，使种子和泥土紧密接触，并以细水浇透。采用撒播方式每亩种子用量为500~800g。

2. 整畦

种植地宜选地势平坦、排灌方便、杂草较少、疏松肥沃的壤土，结合翻耕每亩施充分腐熟的有机肥200~300kg，复合肥15~20kg，做到基肥充足、土肥交融，为青葙旺盛生长打下基础。然后按畦面宽120~150cm，畦高20~25cm起畦，平整畦面，表土颗粒宜细小，以利种子发芽。

3. 田间管理

青葙抗病虫害强，管理比较粗放，田间管理的重点是肥水管理。若能在其采收期保证充足的肥水供应，可达到优质丰产效果。出苗前后要小水勤浇保持畦面湿润，待苗长至2~3片真叶后，根据生长情况追肥，一般追施速效氮肥1~2次，每次每亩随水冲施尿素5kg，以后每采收一次，每亩随水冲施尿素8kg或经腐熟的稀薄人粪尿2t。因青葙种植密度大，需水量较大，特别是在其生长旺盛时期，正值高温，应注意经常浇水，保持土壤湿润；雨天则应及时排水，防渍。

（五）病虫害防治

青葙抗病虫害强，管理比较粗放。

（六）采收

以采收茎叶为主的，青葙在3—6月份播种的，生长期一般为15～30天，具5～6片叶时，可陆续间苗采收。第二次采收在株高25cm左右，在基部留10cm左右，采摘上部嫩梢，采摘后仍能抽生侧枝再采收，直至开花为止。其它月份播种的主要以采收大苗为主，采收标准是具4～6片叶、长10～15cm的嫩茎。原则上当采即采，防止抽薹开花，导致茎叶纤维化。采摘后的嫩梢要捆扎后上市，或鲜用或晒干。

以采收种子为主的，在9—10月份种子成熟时陆续采收，晒干、筛净、保存。

三十、川芎

川芎（*Ligusticum chuanxiong* S. H. Qiu，Y. Q. Zeng，K. Y. Pan，Y. C. Tang & J. M. Xu），俗名山鞠穷、芎藭、香果、胡藭、芎藭、雀脑芎、京芎、贯芎、生川军等，为伞形科藁本属多年生草本植物，主产四川（彭州市，现道地产区有所转移），在云南、贵州、广西、湖北、江西、浙江、江苏、陕西、甘肃、内蒙古、河北等省区均有栽培。在云南、贵州、广西等地，生长于温和的气候环境。是一种中药植物，常用于活血行气、祛风止痛。花期 7—8 月，幼果期 9—10 月。

（一）药用价值

性味：辛，温。

归经：入肝、胆经。

功能：行气开郁，祛风燥湿，活血止痛。

主治：治风冷头痛眩晕，胁痛腹疼，寒痹筋挛，经闭，难产，产后瘀阻块痛，痈疽疮疡。用于月经不调，经闭痛经，瘕腹痛，胸胁刺痛，跌扑肿痛，头痛，风湿痹痛。

《本经》：主中风入脑头痛，寒痹，筋挛缓急，金创，妇人血闭无子。

《名医别录》：除脑中冷动，面上游风去来，目泪出，多涕唾，忽忽如醉，诸寒冷气，心腹坚痛，中恶，卒急肿痛，胁风痛，温中内寒。

陶弘景：齿根出血者，含之多瘥。

《药性论》：治腰脚软弱，半身不遂，主胞衣不出，治腹内冷痛。

《日华子本草》：治一切风，一切气，一切劳损，一切血，补五劳，壮筋骨，调众脉，破症结宿血，养新血，长肉，鼻洪，吐血及溺血，痔瘘，脑痈发背，瘰疬瘿赘，疮疥，及排脓消瘀血。

《医学启源》：补血，治血虚头痛。

王好古：搜肝气，补肝血，润肝燥，补风虚。

《本草纲目》：燥湿，止泻痢，行气开郁。

（二）生长环境

川芎喜气候温和、雨量充沛、日照充足而又较湿润的环境。但川芎苓种培育阶段和贮藏期，则要求冷凉的气候条件。生长期 280 ~ 290 天。平坝地区宜选择土层深厚、疏松肥沃、排水良好、有机质含量丰富、中性或微酸性的砂质壤土。

（三）繁殖方法

川芎用茎节（芎苓子）做种。每年地上枯萎后挖出川芎，把根上面的茎节切下来，每节有芽 1 ~ 2 个，每 10000m^{2}用种量 2250kg 左右，下面大的根茎则加工成商品。将种苗窖藏次年惊蛰前栽种，条栽沟深 12 ~ 16cm，株行距（20 ~ 25）cm × 35cm，每穴放 1 ~ 2 块苗，芽尖向上，覆细土 6cm，底肥每 10000m^2 15000 ~ 22500kg。

（四）栽培技术

1. 选地整地

选择气候阴凉的高山或低山半阴半阳的生荒地或黏壤土，栽前深松土壤 30cm 后，依据地势和排水条件，做成宽 1.5m 的畦。平坝地区栽培，前作多是早稻，收割后开沟做畦，畦宽约 1.6m，沟宽 33cm、深约 25cm，表土挖松整成鱼背形，用堆肥或厩肥撒施畦面，挖土时使之与表土混匀。

2. 适时栽种

南方于立秋前后进行，不得迟于 8 月底；北方于 4、5 月栽种。栽种应选晴天进行，栽前，将无芽或芽已损坏的、茎节被虫咬过的、节盘带虫或芽已萌发的川芎一律剔除。然后，按川芎大小分级栽种。栽时，在畦面上横向开浅沟，行距 30 ~ 40cm，深 3cm 左右。然后，按株距 17 ~ 20cm，将川芎斜放入沟内，芽头向上侧轻轻按紧，栽入不宜过深或过浅，外露一半在土表即可。同时，还要在行与行之间的两头各栽川芎两个，每隔 10 行的行间再栽 1 行苓子，以做补苗之用。栽后，用细土粪或火土灰混合堆肥覆盖川芎的节盘。最后，在畦面上盖 1 层稻草，以避免阳光直射和雨水冲刷。每亩用川芎30 ~ 40kg。

3. 田间管理

中耕除草一般进行 4 次，当地下根茎发育盛期，只拔除杂草，不宜中耕；当地上茎叶开始枯黄时清理田间枯萎茎叶，不行中耕除草，并在根标周围培土，以利根茎安全越冬。

4. 合理施肥

川芎栽种后的当年和第二年，当地上茎叶生长旺盛、形成一定的营养面积、制造大量的干物质时，才能将养分输送到地下根茎，促其生长发育健壮。因此，在栽后的两个月内需集中追肥 3 次，可结合中耕除草进行。第 1 次每亩施用人畜粪水 1000 ~ 1500kg，腐熟饼肥 25 ~ 50kg，加 3 倍水稀释，混合均匀穴施；第 2 次每亩用人畜粪水 1500 ~ 2000kg、腐熟饼肥 30 ~ 50kg，兑 2 倍水稀释施入；第 3 次每亩先施入人畜粪水 2000 ~ 2500kg，兑 1 倍水稀释施入，过后用饼肥、火土灰、堆肥、土粪等 500kg 混合成干肥，于植旁穴施，施后覆土盖肥。

（五）病虫害防治

1. 叶枯病

多在 5 ~ 7 月发生。发病时，叶部产生褐色、不规则的斑点，随后蔓延至全叶，致使全株叶片枯死。防治方法为发病初期喷 65% 代森锌 500 倍液，或 50% 退菌特 1000 倍液，或 1∶1∶100 比例的波尔多液防治。每 10 天喷 1 次，连续 3 ~ 4 次。

2. 白粉病

6 月下旬开始至 7 月高温高湿时发病严重，先从下部叶发病，叶片和茎秆上出现灰白色的白粉，后逐渐向上蔓延，后期病部出现黑色小点，严重时使茎叶变黄枯死。防治方法：收获后清理田园，将残株病叶集中烧毁；发病初期用 25% 粉锈宁 1500 倍液，或 50% 托布律 1000 倍液喷洒，每 10 天喷 1 次，连喷 2 ~ 3 次。

3. 根茎腐烂病

在生长期和收获时发生，发病根茎内部腐烂成黄褐色，呈水游状，有特殊的臭味，呈软腐状。生长期受害后，地上部分叶片逐渐变黄脱落。防治方法：发生后立即拔除病株，集中烧毁，以防蔓延；注意排水，尤其是雨季，雨水过多，排水不良，发病严重；在收获和选种时，剔除有病的“抚芎”和已腐烂的“苓子”。

4. 茎节蛾

育苓阶段用 80% 敌百虫 100 ~ 150 倍水溶液喷雾，并注意着重防治第 1 代二龄前幼虫，平原地区前用 5∶5∶100 比例的烟筋、枫杨叶和水，共泡数日后浸苓子 12 ~ 24h。

（六）采收

以栽后的第二年收获为最适期。收时选晴天将全株挖起，摘去茎叶，除去泥土，将根茎在田间稍晒后运回加工。

三十一、秦艽

秦艽（*Gentiana macrophylla* Pall.），俗名大叶龙胆、大叶秦艽、西秦艽，为龙胆科龙胆属多年生草本植物。产于蒙古、俄罗斯，中国大陆的内蒙古、宁夏、河北、陕西、新疆、东北、山西等地。夏秋开筒状深蓝紫色花，花丛生于上部叶腋成轮状，裂片先端尖；长椭圆形蒴果，花果期7—10月。有极高的药用价值，是治疗风湿关节痛、结核病、潮热、黄疸等症的主药之一。

（一）药用价值

性味：辛、苦，平。

归经：归胃、肝、胆经。

功能：祛风湿，清湿热，止痹痛。

主治：用于筋脉拘挛，骨节酸痛，日晡潮热，小儿疳积发热。

《本草纲目》：秦艽，手足不遂，黄疸，烦渴之病须之，取其去阳明之湿热也。阳明有湿，则身体酸疼烦热，有热则日晡潮热骨蒸。

《本草经疏》：秦艽，苦能泄，辛能散，微温能通利，故主寒热邪气，寒湿风痹，肢节痛，下水，利小便。性能祛风除湿，故《别录》疗风无问久新，及通身挛急。

《日华子》：治骨蒸及疳热；甄权治酒疸解酒毒；元素除阳明风湿，及手足不遂，肠风泻血，养血荣筋；好古泄热，益胆气。咸以其除湿散结，清肠胃之功也。

《本草征要》：秦艽，长于养血，故能退热舒筋。治风先治血，血行风自灭，故疗风无问新久。入胃祛湿热，故小便利而黄疸愈也。

《本经逢原》：秦艽，入手足阳明，以其去湿也；兼入肝胆，以其治风也。

《本草正义》：秦艽，《本经》谓之苦平，而《别录》加以辛及微温，以其主治风寒湿痹，必有温通性质也，然其味本苦，其功用亦治风热，而能通利二便，已非温药本色。后人且以治胃热黄疸烦渴等症，其非温性，更是彰明较著。

《神农本草经》：主寒热邪气，寒湿风痹，肢节痛，下水，利小便。

《名医别录》：疗风无问久新，通身挛急。

《冯氏锦囊秘录》：秦艽风药中之润剂，散药中之补剂，故养血有功。中风多用之者，取祛风活络，养血舒筋。盖治风先治血，血行风自灭耳。

（二）生长习性

秦艽生于河滩、路旁、水沟边、山坡草地、草甸、林下及林缘，海拔400～2400m处，喜湿润、凉爽气候，耐寒。怕积水，忌强光。适宜在土层深厚、肥沃的壤土或沙壤土生长；积水涝洼盐碱地不宜栽培。种子宜在较低温条件下萌发，发芽适温20℃左右。通常每年5月下旬返青，6月下旬开花，8月种子成熟，年生育期100天左右。种子寿命1年。

（三）繁殖方法

种子繁殖。

（四）栽培技术

1. 选地整地

选择靠近水源的平地或缓坡地，土质以沙壤土为宜，要求土层深厚、土质肥沃、疏松、湿润，土壤pH为5.5～6.5。前茬作物以豆科、玉米等为宜。

播种或移栽的前一年秋天整地，整地前先施入腐熟有机肥3000～5000kg/亩，深翻20cm，耙碎，土、肥均匀混合，做宽1.2～1.5m、高20cm的畦；作业道宽50cm。畦土要求疏松、细碎、无树根、草根、石块等杂物。

2. 播种

秋播或春播。秋播在10月上旬至封冻前进行，春播在4月上旬、地面无雪、土壤解冻3～5cm时进行。播种可采取撒播和条播的方法，在床上开沟，沟宽10cm，深3～5cm，沟距20cm。每亩用种量500～750g，播种后畦面覆松针或稻草，厚度1～2cm。苗高6～9cm时间苗，株距9cm左右。

3. 育苗移栽

（1）育苗准备　育苗前首先要施肥整地，施优质腐熟农家肥1500～2000kg/亩，耕翻20～30cm，精细整地，做到地绵墒足。其次耙畦，每畦宽300cm。长度按育苗地宽窄而定。

（2）种子处理　用当年新种子1.50～2kg/亩和细砂10kg/亩，用手揉搓，通过砂子和种皮摩擦，破坏种皮表面保护层，以利发芽。

（3）播种　在4月5日～15日为秦艽最佳播种期。将处理好的种子均匀撒在苗床上，浅耙后稍压实，种子覆土1.5～2cm，再覆盖植物秸秆，经常保持地面湿润，15～25天出苗。

（4）移栽　秦艽苗出齐后，揭去覆盖物，清除杂草，生长1年即可移栽。

选择前茬为禾本科作物为宜、土层深厚、排水良好、易耕作的地块，施优质农家肥1500～2000kg/亩，过磷酸钙50kg/亩，精细整地后进行栽植。

在10月上旬到中旬，开沟栽植。株距15～20cm，行距20～25cm。保苗0.09～0.14万株/亩，每栽一行覆土压实.

春季栽植在土壤解冻后进行，种苗一定不能露芽，种苗露芽后成活率不高。所以按当地自然条件，土壤解冻后越早越好。

4. 田间管理

播种后至出苗前要经常浇水，使表土层保持湿润状态。以90%敌百虫或乐果15倍液拌麦麸堆在畦四周边，诱杀蝼蛄。当幼苗长到2对真叶时去掉一半左右覆盖物，4片真叶时再去掉全部稻草或松针，干旱、高温天气可迟些撤除覆盖物，以利保墒。

及时除草，保持田间无杂草，及时进行浇灌，最好采用滴灌。

（五）病虫害防治

秦艽主要病害为叶斑病，患病时叶片出现棕褐色圆形或椭圆形病斑。防治方法为播种前进行种子消毒；及时发现和控制病株，搞好田间卫生。6月上、中旬用65%代森锰锌400～500倍液，每7～10天喷1次，6月中旬至10月用300倍液代森锰锌，每7天喷1次。

（六）采收

播种后3～5年采收。秋季地上部枯萎时采挖。采收后用清水洗净，晾至半干，切去芦头，再晾至全干。

三十二、地黄

地黄（*Rehmannia glutinosa*（Gaertn.）Libosch. ex Fisch. & C. A. Mey.），俗名生地、怀庆地黄等，为玄参科地黄属多年生草本植物，其根部为传统中药之一，依照炮制方法在药材上分为：鲜地黄、干地黄与熟地黄，同时其药性和功效也有较大的差异，按照《中华本草》功效分类，鲜地黄为清热凉血药；熟地黄则为补益药。分布区域辽宁、河北、河南、山东、山西、陕西、甘肃、内蒙古、江苏等省，国外也有栽培。地黄已成为中国重要的创汇产品之一，产品远销我国港澳地区，以及东南亚、日本等国。

地黄初夏开花，花大数朵，淡红紫色，具有较好的观赏性。花果期4～7月。如做盆景，应以野生地黄为主，其紫红色花朵异常漂亮，尤显优雅、高尚。

（一）药用价值

性味：

鲜地黄：甘、苦，寒。

生地黄：甘，寒。

熟地黄：甘，微温。

归经：归心、肝、肾经。

功能：滋阴补肾、养血补血、凉血；强心利尿、解热消炎、促进血液凝固、降低血糖。

主治：

鲜地黄：清热生津，凉血，止血；用于热病伤阴，舌绛烦渴，发斑发疹，吐血，衄血，咽喉肿痛。

生地黄：清热凉血，养阴，生津；用于热病舌绛烦渴，阴虚内热，骨蒸劳热，内热消渴，吐血，衄血，发斑发疹。

熟地黄：滋阴补血，益精填髓；用于肝肾阴虚，腰膝酸软，骨蒸潮热，盗汗遗精，内热消渴，血虚萎黄，心悸怔忡，月经不调，崩漏下血，眩晕，耳鸣，须发早白。

《本草衍义》：地黄，《经》只言干、生二种，不言熟者，如血虚劳热，产后虚热，老人中虚燥热，须地黄者，若与生、干，常虑大寒，如此之类，故后世改用熟者。

张元素：热地黄补肾，血衰者须用之。又脐下痛，属肾经，非熟地黄不能除，乃通肾之药也。

李杲：生地黄，治手足心热及心热，能益肾水而治血，脉洪实者宜此。若脉虚，则宜熟地黄。地黄假借火力蒸，故能补肾中元气。

《本草纲目》：按王硕《易简方》云：男子多阴虚，宜用熟地黄，女子多血热，宜用生地黄。

《本草汇言》：熟地稍温，其功更溥。久病阴伤，新产血败，在所必需者也。但二地之性，凉而泥膈，凡产后恶食作泻，虽见发热、恶露作痛，不可用，误用则泄不止。

《药品化义》：熟地，藉酒蒸熟，味苦化甘，性凉变温，专人肝脏补血。

《本经逢原》：熟地黄，假火力蒸晒，转苦为甘，为阴中之阳，故能补肾中元气。

《本草求真》：景岳尚论熟地，最为明确，独中所论脾肾寒逆为呕，可用地黄以治，是亦千虑之一失耳。

《本草正义》：地黄，为补中补血良剂。古恒用其生而干者，故曰干地黄，即今之所谓原生地也。

《珍珠囊》：大补血虚不足，通血脉，益气力。

王好古：主坐而欲起，目无所见。

《本草纲目》：填骨髓，长肌肉，生精血，补五脏、内伤不足，通血脉，利耳目，黑须发，男子五劳七伤，女子伤中胞漏，经候不调，胎产百病。

《本草从新》：滋肾水，封填骨髓，利血脉，补益真阴聪耳明目，黑发乌须。又能补肿阴，上久泻，治劳伤风痹，阴亏发热，千咳痰嗽，气短喘促，胃中空虚觉馁，痘证心虚无脓，病后胫股酸痛，产后脐腹急疼，感证阴亏，无汗使闭，诸种动权，一切肝肾阴亏，虚损百病，为壮水之主药。

（二）生长习性

常生于海拔 50～1100m 的荒山坡、山脚、墙边、路旁等处。地黄适应性较强，从种植到收获需 150～160 天。喜疏松肥沃的沙质壤土，喜光，植地不宜靠近林缘或与高秆作物间作。当土温在 11～13℃，出苗要 30～45 天，25～28℃最适宜发芽，在此温度范围内若土壤水分适合，种植后一星期发芽，15～20 天出土；8℃以下根茎不能萌芽。地黄有“三怕”，即怕旱、怕涝和怕病虫害。因其根系少，吸水能力差，稍微干旱即易凋萎；土壤水分过多则肉质根茎易腐烂。

（三）繁殖方法

根茎繁殖为主。种子繁殖多在培育新品种时应用。

（四）栽培技术

1. 栽植

7—8 月，在当年春季栽种的良种地黄地内，选生长健壮、无病虫的根茎，挖起折成 4 ~ 5cm 短节，稍风干后，按行距 10 ~ 30cm，株距 5 ~ 10cm，重新种到一块充分施足底肥的地里，适当除草，追肥，雨后注意排水，第 2 年春季随挖随栽。

栽种地黄一般在日平均温度为 18 ~ 21℃时最好。如北京在 4 月上、中旬，重庆在 2 月下旬至 3 月下旬，河南早春地黄在 4 月上、中旬；晚地黄（或麦茬地黄），在 5 月上旬至 6 月上旬。栽种时在垄或畦上开沟，沟距 33cm，每隔 15 ~ 20cm，放种栽一节，覆土 3 ~ 4cm，压实表土后浇水。每垄种 2 行，每畦 3 ~ 4 行，苗出齐后，选阴雨天补苗，栽后 1 月左右匀苗，每穴留 1 株健苗，封行前，浅薅 2 ~ 3 次，并铲去陆续生出的多余苗。

2. 田间管理

每次中耕后都要追肥 1 次，可施人畜粪水或饼肥，多雨季节，要注意排水防涝，使地无积水，出现花蕾时，要随时摘除。

（五）病虫害防治

地黄主要病害为斑枯病。可选抗病品种，清洁园地，发病初期用倍量式波尔多液喷雾。虫害有棉红蜘蛛，发生期可用 1.8% 农克螨乳油 2000 倍液防治。蛱蝶，在其幼龄期用敌百虫等防治。

（六）采收

秋季采挖，除去芦头、须根及泥沙，鲜用；或将地黄缓缓烘焙至约八成干。前者习称鲜地黄，后者习称生地黄。

三十三、莪术

莪术（*Curcuma zedoaria*（Christm.）Rosc.），俗名蓬莪茂、山姜黄，为姜科姜黄属多年生宿根草本植物，分布区域为中国、印度、马来西亚。在我国，主要产于台湾、福建、江西、广东、广西、四川、云南、安徽等省区。药品为干燥根茎，具樟脑般香味，能治行气止痛、积散结、破血祛瘀作用。

（一）药用价值

性味：辛、苦，温。

归经：归肝、脾经。

功效：破血行气，消积止痛。

主治：用于血瘀腹痛、肝脾肿大、心腹胀痛，积聚，妇女血瘀经闭，跌打损伤作痛饮食积滞。

《本草经疏》：心腹痛者，非血气不得调和，即是邪客中焦所致。中恶疰忤鬼气，皆由气不调和，脏腑壅滞，阴阳乖隔，则疫疠疰忤鬼气，得以凭之。茂气香烈，能调气通窍，窍利则邪无所容而散矣。解毒之义，亦同乎是。其主霍乱冷气吐酸水及饮食不消，皆行气之功也，故多用酒磨。又疗妇人血气结积，丈夫奔豚，入肝破血行气故也，多用醋磨。

《药品化义》：蓬术味辛性烈，专攻气中之血，主破积消坚，去积聚癖块，经闭血瘀，扑报疼痛。与三棱功用颇同，亦勿过服。

《汤液本草》：蓬莪茂色黑，破气中之血，入气药发诸香，虽为泄剂，亦能益气，故孙用和治气短不能接续。所以大小七香丸、集香丸散及汤内多用此也。

《萃金裘本草述录》：破气中之血，血涩于气中则气不通，此味能疏阳气以达于阴血，血达而气乃畅，放前人谓之益气。

《植物名实图考》：蓬莪术，《嘉祐本草》始著录。

《图经》：江浙或有之。颇类蘘荷，莪在根下，如鸭鸡卵。今所用者即此。昔人谓郁金、姜黄、莪术三物相近，其实性不同，形亦全别。

（二）生长习性

莪术野生于林荫下，对生态环境要求比较严格，适宜种植区域狭窄。土壤以土层深厚、排水良好、上层疏松肥沃、下层紧密的壤土或沙壤土为好，涝洼地不宜种植。

（三）繁殖方法

根茎繁殖。

（四）栽培技术

1. 选地整地

选择土地湿润、肥沃疏松的冲积土、沙质土为好。土壤要求上层疏松、下层紧密，避免块根入土过深，采挖不便。

选好地块后每亩施腐熟厩肥或堆肥 3000～4000kg、饼肥 40～50kg。耕翻 25～30cm，耕细整平，做成宽 1.3～1.5m、高 20～30cm 的高畦，畦沟宽 40cm。

2. 根茎的选择

选择健壮饱满的当年新生根茎贮藏做种。栽植前将种栽取出晒 1～2 天，除去须根，大小分开。大的纵切数块，每块有芽 1～2 个，切后稍晾使伤口愈合，或用草木灰涂抹伤口。

3. 栽种期

栽植时期因品种和地区不同而异。温郁金（温莪术）为 4 月上、中旬，莪术于 5—6 月中下旬为宜。

4. 栽种方法

在整好的畦内按行株距（30×20）cm～25cm 挖穴，穴深 6～9cm，每穴内大根茎放 1 块，小根茎放 2 块，芽头向上栽入穴内。栽后覆土 6cm 并稍加镇压，每亩用种根茎 100kg 左右。

5. 除草及灌溉

莪术出苗前保持土壤湿润，出苗后遇旱及时向沟内浇水，结合杂草情况，浇水后要及时松土除草。幼苗期要浅锄，保持土壤湿润、疏松、无杂草。中后期需水较多，遇旱应及时浇水。雨季应注意及时排水防涝，防止积水烂根。

6. 施肥

莪术生长期间每年追肥 2～3 次，第 1 次于幼苗期，当苗高 10cm 左右时，每亩追施人畜粪尿 1000kg、硫酸铵 8～10kg、过磷酸钙 30～50kg，以促进根系和叶片的生长与发育。40～50天后追第2次肥，每亩追施人畜粪尿1500kg、草木灰100～200kg，以促进块根的膨大。再过30～40天追第3次肥，每亩追施人畜粪尿1000～1500kg和适量磷钾肥以延长叶片寿命，维持叶片光合作用，加速有机物在块根中的积累。

（五）病虫害防治

莪术基本无病虫害发生。

（六）采收

地上部分枯萎时，挖掘根部，除去根茎上的泥土，洗净，置锅里蒸或煮约15min，晒干或烘干，摘去须根即成。

三十四、龙葵

龙葵（*Solanum nigrum* L.），俗名黑茄子、野茄子、野辣椒、野葡萄等，为一年生草本茄科植物，中国几乎全国均有分布，喜生于田边、荒地及村庄附近。广泛分布于欧、亚、美洲的温带至热带地区。全株入药，可散瘀消肿，清热解毒。

（一）药用价值

性味：苦，寒，有小毒。

功效：清热，解毒，活血，消肿。

主治：用于疔疮，痈肿，丹毒，跌打扭伤，慢性咳嗽痰喘，水肿，癌肿。

《藏本草》：功用同苦茄。果治咳嗽，喉痛，失音。

《迪藏药》：根驱蛔。

《民族药志三》：全草主治痈肿疔疮，牙痛，咽喉肿痛，癌肿，小便不利。

《湘蓝考》：地上部分用于疮疖肿痛，尿路感染，小便不利，肿瘤。

《苗药集》：全草主治腮腺炎；根主治咳嗽咳血，月经不调《苗药集》。

《傣医药》：治久咳不愈，月经不调，恶露不净，体弱消瘦。用于清热解毒，活血，消肿，散结。

《滇药录》：全草治感冒发热，牙痛，慢性气管炎，肝炎，痢疾，泌尿道感染，乳腺炎，白带，癌症，痈疖疔疮，蛇咬伤，止痒，疔毒，疖肿，小儿风热，疥癞痒痛。

《德民志》：全草治扁桃体炎，喉，咽炎。

《版纳傣药》：全草治痈，疖，疮疡。

《怒江药》：全草治疔疮，痈肿，丹毒，跌打损伤，慢性气管炎，急性肾炎。

（二）生长习性

生长适宜温度为22～30℃，开花结实期适温为15～20℃。对土壤要求不严，但在有机质丰富、保水保肥力强的壤土上生长良好，适宜的土壤pH为

5.5~6.5。夏秋季高温高湿露地生长困难，冬春季露地种植，植株长势慢，嫩梢易纤维老化，商品性差，所以为满足市场需求，一年四季都可在保护地内栽培。

（三）繁殖方法

种子繁殖。

（四）栽培技术

1. 精细整地

选择肥沃、疏松、易排灌、前茬未种过茄果类蔬菜的地块做苗床，保护地内每亩施入优质有机肥3000kg，深耕细耙，做成宽1m、高15cm的育苗畦。

2. 培育壮苗

播种前先把苗床浇透水，将种子掺细沙拌均匀，进行撒播，适当稀播以利于培育壮苗，播种后覆土0.5cm，然后在畦面上覆盖稻草或麦秆，以保持土壤湿润利于出苗，浇透水，5~7天出苗后揭去稻草或麦秆。当幼苗3~4片真叶时进行间苗，间去生长势较弱的小苗，同时及时除草。

3. 合理密植

当幼苗5~6片叶时进行移栽，穴距25~30cm，行距30~35cm，每穴2苗，每亩栽8000~10000株，定植后浇定根水，确保幼苗成活。

4. 适时打顶

为增加产量，当植株长到8~10节时，可把顶摘去，促进侧芽生长，当侧芽长到20cm时，可把侧芽沿15cm处采收，留下5cm约2~3个节间；由于腋芽萌发力强，此时适时追肥，这2~3个节间又可继续萌发新枝梢。主枝的适时封顶是延长采收期和提高产量的关键，如封顶节位高，留下腋芽多，形成侧枝多，但由于养分分散，侧枝细小，降低产量和质量；如封顶节位低，不但影响主枝的产量，而且由于基部腋芽较弱，生长慢，延迟侧枝的形成，又由于侧枝少，总产量会降低。

5. 合理追肥

为使采收植株的嫩梢鲜嫩，商品性好，使植株的腋芽不断萌发形成商品嫩梢，每采收一次后，都要进行追肥，每次每亩施尿素10kg；高效复合肥15kg，加水浇施。植株生长进入中期后，每隔7~10天叶面喷一次奥普尔600倍液，或0.2%~0.3%磷酸二氢钾溶液，促进植株的生长发育，增加植株的抗病能力，而且使嫩梢颜色嫩绿，脆嫩感强，品质好。

（五）病虫害防治

龙葵基本上不发生病虫害。

（六）采收

1. 采收嫩茎叶

每次采收嫩梢后，都留下嫩梢最下部5cm的节间，使这5cm上的2～3个腋芽，生长后形成新的嫩梢又可采收上市。采收一次追肥一次可以连续不断采摘嫩梢上市，采收盛期冬春季可有3个多月，夏秋季有2个多月，直至开花为止。

2. 采收种子

野生种，在山沟路旁、田间地头、生荒地等地方都可收集到野生的成熟果实；野生种采种后经晾干、筛净后放置于阴凉处贮藏备用。采用野生种做种，植株生长势好，抗病性强，长成的嫩梢吃起来苦味较浓。

三十五、紫菀

紫菀（*Aster tataricus* L. f），俗名青苑、紫倩、返魂草、小辫等，为菊科紫菀属多年生草本植物，国外朝鲜、日本等地及苏联西伯利亚东部有分布，国内主产于河北、内蒙和东北三省等地区及山西、河北、河南西部（卢氏）、陕西及甘肃南部（临洮、成县等）等地。通常生长于潮湿的河边地带，花期7—9月，果期8—10月。紫菀是一味中药，有治风寒咳嗽气喘，虚劳咳吐脓血之功效。

（一）药用价值

性味：苦，温。

归经：归肺经。

功能：温肺，下气，消痰，止咳。

主治：治风寒咳嗽气喘，虚劳咳吐脓血，喉痹，小便不利。

《本草经疏》：紫菀，观其能开喉痹，取恶涎，则辛散之功烈矣，而其性温，肺病咳逆喘嗽，皆阴虚肺热证也，不宜专用及多用，即用亦须与天门冬、百部、麦冬、桑白皮苦寒之药参用，则无害。

《本草通玄》：紫菀，辛而不燥，润而不寒，补而不滞。然非独用、多用不能速效，小便不通及溺血者服一两立效。

《本草正》：紫菀，辛能入肺，苦能降气，故治咳嗽上气、痰喘，惟肺实气壅，或火邪刑金而致咳唾脓血者，乃可用之。观陶氏《别录》谓其补不足，其亦言之过也。

《药品化义》：紫菀，味甘而带苦，性凉而体润，恰合肺部血分。主治肺焦叶举，久嗽痰中带血，及肺痿，痰喘，消渴，使肺窍有清凉沛泽之功。

《本草逢原》：紫菀，肺金血分之药，《本经》止咳逆上气，胸中寒热结气，取性疏利肺经血气也。

《本草正义》：紫菀，柔润有余，虽曰苦辛而温，非爆烈可比，专能开泄肺郁，定咳降逆，宣通窒滞，兼疏肺家气血。

（二）生长习性

生于海拔400～2000m的低山阴坡湿地、山顶和低山草地及沼泽地，耐涝、怕干旱，耐寒性较强。

（三）繁殖方法

根茎繁殖。

（四）栽培技术

1. 选地整地

选择地势平坦、土层深厚、疏松肥沃、排水良好的地块作为栽植地块，种植前深翻土壤30cm以上，结合耕翻，每亩施入腐熟厩肥3000kg、过磷酸钙50kg，翻入土中做基肥，于播前再浅耕20cm，整平耙细后做宽1.3m的高畦，畦沟宽40cm，四周开好排水沟。

2. 栽植保苗

春天土壤解冻10cm后，选择粗壮、紫红色、节密而短、具休眠芽的根状茎做种栽，取其中段，将其截成5～7cm的小段，每段有2～3个休眠芽，随切随栽。栽植时，在整好的畦面上，按行距25～30cm开横沟，沟深5～7cm，种根芽眼向上，按株距15～17cm的规格顺沟摆放1～2段，覆土与畦面齐平，栽后稍加压实，浇水1次，再盖一层草保温、保湿。齐苗后揭去盖草，保墒、保苗。

3. 田间管理

齐苗后浅松土、除草，结合松土每亩追施腐熟人畜粪水1000～1500kg；当苗高7～9cm时结合中耕每亩追施腐熟人畜粪水1500kg；封行前结合中耕除草每亩施腐熟堆肥300kg、腐熟饼肥50kg，于植株旁开沟施入，施后盖土。封行后若有杂草用手拔除。雨后或灌溉后及时疏沟排水，遇旱灌溉。发现抽薹及时剪除。

（五）病虫害防治

1. 根腐病

主要危害植株茎基部与芦头部分。发病初期，根及根茎部分变褐腐烂，叶柄基部产生褐色梭形病斑，逐渐叶片枯死、根茎腐烂。防治方法：发病初期用50%的多菌灵可湿性粉剂1000倍液或50%的甲基硫菌灵可湿性粉剂

1000 倍液喷雾防治。

2. 黑斑病

发病初期叶片出现紫黑色斑点，后扩大为近圆形暗褐色大斑。防治方法：发病初期用 65% 的代森锌可湿性粉剂 500 倍液或 50% 的甲基硫菌灵可湿性粉剂 1000 倍液喷雾防治，每隔 7 天喷 1 次，连喷 3 次。

3. 银纹夜蛾

幼虫咬食叶片，造成空洞或缺刻。防治方法：用 90% 的敌百虫晶体 1000 倍液喷雾杀除。

（六）采收

紫菀于秋后地上茎叶枯萎后采收。采收时，先用镰割去地上部分，再刨出地下根茎，去净泥土，晒干即可入药出售。

三十六、款冬花

款冬花（*Tussilago farfara* L.），俗名冬花、蜂斗菜或款冬蒲公英，属于菊科款冬属植物。

款冬花为菊科款冬的花蕾，分布于河北、河南、湖北、四川、山西、陕西、甘肃、内蒙古、新疆、青海等地，现各地已引种栽培。花期2—3月。果期4月。

款冬花与紫菀是中医医疗中的“对子药”，均为温化寒痰的有效药。同时这两种中草药均有观赏价值，在做盆栽时，可将这两种盆景并列，别有趣味。

（一）药用价值

性味：辛，温。

归经：入心、肺经。

功效：润肺下气，化痰止嗽。

主治：治咳逆喘息，喉痹。

《本经》：主咳逆上气善喘，喉痹，诸惊痫，寒热邪气。

《名医别录》：主消渴，喘息呼吸。

《药性论》：主疗肺气心促，急热乏劳，咳连连不绝，涕唾稠粘，治肺痿肺痈吐脓。

《日华子本草》：润心肺，益五脏，除烦，补劳劣，消痰止嗽，肺痿吐血，心虚惊悸，洗肝明目及中风。

《医学启源》：温肺止嗽。

《本草述》：治痰饮，喑证亦用之。

《长沙药解》：降逆破塑，宁嗽止喘，疏利咽喉，洗涤心肺而兼长润燥。

《药品化义》：冬花，味苦主降，气香主散，一物而两用兼备。故用入肺部，顺肺中之气，又清肺中之血。专治咳逆上气，烦热喘促，痰涎稠粘，涕唾腥臭，为诸证之要剂，如久嗽肺虚，尤不可缺。

《本草乘雅半偈》：款冬花用治咳逆上气、善喘，喉痹，因肾苦燥及形寒饮冷，秋伤于湿者始宜。或火热刑金，或肺气焦满，恐益消烁毁伤矣。

（二）生长习性

野生于河边、沙地。喜半阴半阳的环境，怕高温、干旱和积水。最佳适宜温度为15～20℃，超过35℃时，茎叶萎蔫，严重者大量死亡，忌连作。

（三）繁殖方法

用根状茎繁殖。在秋末冬初季节，选择粗壮多花、颜色较白，且没有病虫害的根状茎做种秧。

（四）栽培技术

1. 选地整地

选择土壤肥沃、排水良好的沙质土壤，以既能浇水又便于排水的地块最为合适，忌连作。整地时要施入堆肥、圈肥、熏土等基肥，深翻后耕细整平作畦。较低洼的地方可作高畦，并开好排水沟。

2. 栽植时期与方法

一般栽植期常与收获结合，随挖随种，将挖出的根状茎剪成6～9cm长的小段，每段上以具有2～3节为好。种时按24～30cm的行距开6cm深的沟，把根状茎按6～9cm株距摆在沟内，然后覆土压实。干旱地区栽后需浇水，过几天，待水分渗透下去以后，用耙子轻轻搂松表土，出苗前不必再浇水。温度适宜时，10～15天出苗。

3. 间苗

4月底—5月初，待幼苗出齐后，看出苗情况适当间苗，留壮去弱，留大去小，按15cm左右定苗。

4. 中耕

5月中下旬以后，每隔半个月除草松土一次，仔细浅锄避免伤根。

5. 追肥培土

款冬花前期不追肥，以免生长过旺、不抗病。后期应加强追肥管理，一般在9月上旬，每亩施土粪1000kg左右，9月下旬—10月上旬每亩施氮肥15kg、磷肥7.5kg。无论追施土肥和化肥，都应和除草松土配合进行，追肥后结合松土，一面掩盖肥料，一面向根旁培土，以保持肥效，提高产量。

6. 排灌

春季干旱，连续浇水2～3次保证全苗。雨季到来之前做好排水准备，防止淹涝。

7. 剪叶通风

6—7月，气温升高，款冬花的叶片伸展很快，叶片过密不易通风透光，这时可用剪刀从叶柄基部把枯黄的叶片或刚刚发病的烂叶剪掉，清理重叠的叶子，以利通风透光。剪叶时切勿用手掰扯，避免伤害基部。

（五）病虫害防治

1. 褐斑病

危害叶片。夏季发病重，叶片上的病斑呈圆形或近圆形，直径5～20mm，中央褐色，边缘紫红色，有褐色小点。防治方法：收获后清园，消灭病残株；发病前或发病初期用1∶1∶120比例的波尔多液或65%可湿性代森锌500倍液喷雾，7～10天1次，连续数次。

2. 萎缩性枯叶病

雨季发生较重。病斑由叶缘向内延伸，病斑为黑褐色不规则斑点，质脆、硬，致使局部或全叶干枯，可蔓延至叶柄。防治方法：剪除枯叶，其他同褐斑病。

3. 白绢病

款冬花生产上常见病害，各地广泛发生，危害严重。染病幼苗或成株根茎部出现水渍状病斑，后渐蔓延扩展，在病部及土表长出白色棉絮状菌丝体，其上形成很多白色的小菌核，后随菌核增大至油菜籽大小时，颜色亦变成深褐色，菌核和菌丝缠结在一起覆在植株基部表面。防治方法为重病田实行轮作；加强栽培管理；培育壮苗；栽种前进行插条消毒，可用50%多菌灵可湿性粉剂500倍液或36%甲基硫菌灵悬浮剂600倍液，将沙喷湿喷透，再用塑料薄膜盖7～8天进行沙藏预处理插条。常用药剂多菌灵、甲基硫菌灵。

4. 蚜虫

以成、若虫吸食茎叶汁液，严重者造成茎叶发黄。防治方法：冬季清园，将枯株和落叶深埋或烧毁；发生期喷50%杀螟松1000～2000倍液，每7～10天喷1次，连续数次。

（六）采收

初冬地冻前花蕾未出土时采收。应掌握好季节，宜早不宜迟，采摘晚了款冬开花，质量降低。采收时，将植株与根茎全部刨出，随手摘下花蕾放入筐内，然后将根茎仍埋地下，以待来年再收。

三十七、白鲜

白鲜（*Dictamnus dasycarpus* Turcz.），俗名千金拔、八股牛、山牡丹、白膻、白羊鲜、白藓皮、羊蹄草、地羊鲜、好汉拔、金雀儿椒、大茴香，为芸香科白鲜属茎基部木质化的多年生宿根草本植物，产黑龙江、吉林、辽宁、内蒙古、河北、山东、河南、山西、宁夏、甘肃、陕西、新疆、安徽、江苏、江西（北部）、四川等省区，朝鲜、蒙古、俄罗斯（远东）也有。生于丘陵土坡或平地灌木丛中或草地或疏林下，石灰岩山地亦常见。根皮制干后称为白鲜皮，是中药。味苦，性寒。祛风除湿，清热解毒，杀虫，止痒，治风湿性关节炎、外伤出血、荨麻疹等。

白藓在春末夏初，从叶丛中抽出粉红或白色花序，恬静典雅，可配植花境和作切花。花期 5 月，果期 8—9 月。

（一）药用价值

性味：苦；咸；寒脾。

归经：小肠，胃，膀胱经。

功效：祛风，燥湿，清热，解毒。

主治：治风热疮毒，疥癣，皮肤痒疹，风湿痹痛，黄疸。

《本经》：主头风，黄疸，咳逆，淋沥，女子阴中肿痛，湿痹死肌，不可屈伸、起止、行步。

《药性论》：治一切热毒风，恶风，风疮、疥癣赤烂，眉发脱脆，皮肌急，壮热恶寒；主解热黄、酒黄、急黄、谷黄、劳黄等。

《兵部手集方》：疗肺嗽。

《日华子本草》：通关节，利九窍及血脉，并一切风痹筋骨弱乏，通小肠水气，天行时疾，头痛眼疼。根皮良，花功用同上。

《本草原始》：治一切疥癞、恶风、疥癣、杨梅、诸疮热毒。

《本草纲目》：白鲜皮，气寒善行，味苦性燥，为诸黄风痹要药，世医止施之疮科，浅矣。

《本草原始》：白鲜皮，入肺经，故能去风，入小肠经，故能去湿，夫风湿既除，则血气自活而热亦去。治一切疥癞、恶风、疥癣、杨梅、诸疮热毒。

《本草经疏》：白鲜皮，苦能泄热，寒能除热，故主头风有火证。

《本草述》：白鲜根皮，始尝之，味微咸，后味辛，后即纯苦，苦中复有微辛，《本草》言其气寒。

《本草求真》：白鲜皮，阳明胃土，喜燥恶湿，一有邪入，则阳被郁不伸，而热生矣。

《本草正义》：白鲜乃苦寒胜湿之药，又能通行经隧脉络。

《名医别录》：疗四肢不安，时行腹中大热，饮水、欲走、大呼，小儿惊痫，妇人产后余痛。

（二）生长习性

野生于丘陵土坡或平地灌木丛中或草地或疏林下，石灰岩山地。喜温暖湿润气候，耐寒、怕旱、怕涝、怕强光照。地上部和地下部的适宜气温12～18℃。

（三）繁殖方法

主要用种子繁殖，也有用地下根茎繁殖的，但很少。

（四）栽培技术

1. 选地与整地

先集中育苗，生长1～2年再进行分栽。育苗地应选择阳光充足、土质肥沃疏松、排水良好的砂质壤土平地或缓坡地，低洼易涝、盐碱地或重黏土地不适宜，最好应有排灌条件。深翻地25～30cm，同时根据肥力情况每亩施充分腐熟农家肥1500～2000kg。打碎土块后做床，床宽1～1.2m，高15～20cm。移栽地应选缓坡地，要注意排水良好，山区可以利用阳光充足的山坡荒地、果园及人工幼林的行间栽培。

2. 播种移栽

种子采收后晾晒5～7天，拌入种子体积3倍的干净细河沙，放在阴凉通风处贮存，10月上旬至11月初，进行秋季播种，如果不能秋播，将拌上河沙的种子埋在室外进行低温冷冻，翌春4月中旬至5月上旬播种。播种时搂平床面，按行距12～15cm开沟，沟深4～5cm，踩好底格，将种子同细沙一起播到沟内，盖土3～4cm，每平方米播种量10～15g。盖土后床面稍加镇压，有条件的床面盖一层稻草保湿，有利出苗。

幼苗生长1～2年，在秋季地上部枯萎后或翌春返青前移栽。将苗床内幼苗全部挖出，按大小分类，分别栽植，行距25～30cm，株距20～25cm，根据幼苗根系长短开沟或挖穴，顶芽朝上放在沟穴内，使苗根舒展开。盖土要过顶芽4～5cm，盖后踩实，干旱时栽后要浇透水。

3. 田间管理

育苗田出苗时应逐次将床面的覆盖物除去。生长期内要经常除草松土，雨季应做好田间排水。2年生苗在生长盛期适当追施氮磷肥，也可用0.3%～0.5%磷酸二氢钾液进行叶面喷肥。秋季地上部分枯萎之后，除去残存茎叶，向床面盖土2～3cm，以利幼苗越冬。移栽田经常松土除草，每次除草后要向茎基部培土，防止幼根露出地表。7—8月份高温多雨季节做好排水，防止田间积水造成烂根，同时增施磷钾肥。不采种子的植株在孕蕾初期剪去花蕾，以利根部生长。秋季枯萎后，及时割去茎叶，床面盖土或盖一层充分腐熟的农家肥，俗称施“盖头粪”，利于根部越冬和翌年植株生长。

（五）病虫害防治

1. 霜霉病

3月开始发病，多发生在叶部，叶初生褐色斑点，渐在叶背产生1层霜霉状物，使叶片枯死，可用40%乙磷铝可湿性粉剂200倍液，或50%瑞毒霉500倍液、甲基托布津800倍液喷射。

2. 菌核病

3月中旬发病，危害茎基部，初呈黄褐色或深褐色的水渍状梭形病斑，严重时茎基腐烂，地上部位倒伏枯萎，土表可见菌丝及菌核。可用3%菌核利或1∶3石灰和草木炭混合后撒入畦面，或用5%氯硝铵粉剂撒施。

3. 锈病

3月上、中旬发病，在初期叶现黄绿色病斑，后变黄褐色，叶背或茎上病斑隆起，散出锈色粉末。可用60%代森锌可湿性粉剂500倍液喷射，或用25%粉锈宁可湿性粉剂1000倍液喷射。

（六）采收

移栽后生长2～3年，在秋季植株地上部分枯萎后或翌春返青前采收药用根部，以秋季采收好。先割去地上茎叶，从苗床一端开始将根全部挖出，去掉泥土及残茎，放阳光下晾晒。晒至半干时除去须根，将根抽去中间硬芯（木质部），再晒至全干后入库备用。

留种田应选生长4年以上的健壮植株，平时应加强管理，花期增施磷钾肥，雨季注意排水。种子在7月中旬开始成熟，要随熟随采，防止果瓣自然开裂，使种子落地。果实绿色开始变为黄色、果瓣即将开裂时即可采取。

三十八、知母

知母（*Anemarrhena asphodeloides* Bunge），俗名毛知母、蚳母、连母、野蓼、地参，为百合科知母属多年生草本植物，产河北、山西、山东（山东半岛）、陕西（北部）、甘肃（东部）、内蒙古（南部）、辽宁（西南部）、吉林（西部）和黑龙江（南部），也分布于朝鲜。该种干燥根状茎为著名中药，性苦寒，有滋阴降火、润燥滑肠、利大小便之效。

知母总状花絮，成簇，生在顶部成穗状；花粉红色，淡紫色至白色；果实长椭圆形，内有多数黑色种子，颇成景观，花果期6—9月。

（一）药用价值

性味：苦，寒。

归经：入肺、胃、肾经。

功能：滋阴降火，润燥滑肠。治烦热消渴，骨蒸劳热，肺热咳嗽，大便燥结，小便不利。

主治：用于温热病，邪热亢盛、壮热、烦渴、脉洪大等肺胃实热证。

《本经》：主消渴热中，除邪气肢体浮肿，下水，补不足，益气。

《名医别录》：疗伤寒久疟烦热，胁下邪气，膈中恶及风汗内疸。

陶弘景：甚疗热结，亦主疟热烦。

《药性论》：主治心烦躁闷，骨热劳往来，生产后蓐劳，肾气劳，憎寒虚损，患人虚而口干，加而用之。

《日华子本草》：通小肠，消痰止嗽，润心肺，补虚乏，安心止惊悸。

张元素：凉心去热，治阳明火热，泻膀胱肾经火，热厥头痛，下痢腰痛，喉中腥臭。

王好古：泻肺火，滋肾水，治命门相火有余。

《本草纲目》：安胎，止子烦，辟射工溪毒。

《本草求原》：治嗽血，喘，淋，口病，尿血，呃逆，盗汗，遗精，痹痿，瘈疭。

《神农本草经》：主消渴热中，除邪气肢体浮肿，下水，补不足，益气。

《名医别录》：疗伤寒久疟烦热，胁下邪气，膈中恶及风汗内疸。

《医学启源》：知母，《主治秘要》云作利小便之佐使，肾中本药。上头、引经皆酒炒。刮去毛，里白者佳。

（二）生长习性

知母适应性很强，野生于向阳山坡地边。草原和杂草丛中。土壤多为黄土及腐殖质壤土。性耐寒，北方可在田间越冬，喜温暖，耐干旱，除幼苗期须适当浇水外，生长期间不宜过多浇水，特别在高温期间，如土壤水分过多，生长不良，且根状茎容易腐烂。土壤以疏松的腐殖质壤土为宜，低洼积水和过劲的土壤均不宜栽种。

（三）繁殖方法

1. 种子繁殖

7 月下旬至 9 月下旬采收成熟的果实，放到通风干燥处晾干，将种子搓出，簸净杂质，贮存待用。

2. 根茎繁殖

春秋均可进行。地上茎叶枯萎后，春季萌芽前，将地下根茎刨出，剪去须根，切成 3 ~ 5cm 的长段，每段带芽 1 ~ 2 个，按行距 15 ~ 20cm 开沟，株距 10 ~ 12cm 栽种，覆土后浇水。亩用根茎秧 150kg 左右。

（四）栽培技术

1. 选地整地

选择排水良好的砂质壤土和富含腐殖质的中性土壤为好，每亩施有机肥 1500kg，深耕 25 ~ 30cm，耙细整平，做宽 1.2m 的畦，挖排水沟。

2. 浸种

将种子置 30 ~ 40℃的温水中浸泡 24h，捞出稍晾干后，即可进行播种。

3. 播种

秋播或春播均可，秋播在上冻前，春播于 4 月份。当年种子发芽率 80% ~ 90%，隔年种子发芽率仅 40% ~ 50%。一般采用条播，按行距 15 ~ 20cm 开沟，深 1 ~ 2cm，将种子均匀撒入沟内，覆土，保持土壤湿润，20 天左右出苗。每亩播种量约 3kg。

4. 田间管理

（1）间苗　当幼苗高 2 ~ 3cm 时间去弱苗和密苗，苗高 6cm 左右时按株距 10cm 左右定苗。

（2）中耕除草　幼苗生长很慢，3cm 左右时及时拔除杂草、松土，生长期保持地内土壤疏松无杂草，以利幼苗生长。

（3）追肥　苗期以追氮肥为主，每亩追施人畜粪水 1500kg，或尿素 6kg，施后浇一遍水。后期追肥以氮、钾肥为好，每亩施尿素 10kg，氯化钾 7kg，或施复合肥 20kg。

（4）打薹　知母抽薹开花后，消耗很多养分，影响地下茎的生长。因此，除留种地之外，及时剪去花薹，促进地下茎增粗生长，是知母增产的重要措施之一。

（五）病虫害防治

虫害有蛴螬，以幼虫为害，咬断知母苗或咬食根茎，造成断苗或根茎部空洞。可浇施 50% 马拉松乳剂 800～1000 倍液防治。

（六）采收

传统认为宜春秋采收。现代研究证明，知母根茎中芒果苷的含量随不同采集月份而变化，呈现一定规律性。一年中，以 3 月份刚萌芽不久时含量最低，仅 0.12%，而 4 月份达到最高点 1.26%，此系知母开花期，亦为其营养期。开花后，芒果苷含量下降，至 10 月份以后又升到较高水平。因此，知母采收季节以 4—5 月份和 10 月份以后采集为佳。

三十九、蜀葵

蜀葵（*Althaea rosea*（L.）Cavan.），俗名一丈红、大蜀季、戎葵、吴葵、卫足葵、胡葵、斗篷花、秫秸花，由于它原产于中国四川，故名曰“蜀葵”，为锦葵科蜀葵属二年生直立草本植物，现在中国分布很广，华东、华中、华北均有，世界各国均有栽培，供观赏用途。

花呈总状花序顶生单瓣或重瓣，有紫、粉、红、白等色，花期6～8月。宜于种植在建筑物旁、假山旁或点缀花坛、草坪，成列或成丛种植。矮生品种可作盆花栽培，陈列于门前，不宜久置室内。也可剪取作切花，供瓶插或作花篮、花束等用。

全株入药，有清热解毒、镇咳利尿之功效。

（一）药用价值

功能主治：

根：清热，解毒，排脓，利尿。用于肠炎，痢疾，尿道感染，小便赤痛，子宫颈炎，白带。

子：利尿通淋。用于尿路结石，小便不利，水肿。

花：通利大小便，解毒散结。用于大小便不利，梅核气，并解河豚毒。

叶：外用治痈肿疮疡，烧烫伤。

《滇药录》：花治月经不调，白带过多；根治尿路感染，宫颈炎。

《民族药志一》：根主治尿路感染，宫颈炎，白带；花主治月经不调；种子主治水肿，肾炎；叶主治痈肿疮疡。

《滇药录》：根治崩漏，胎动不安，花治白带，月经不调，角膜云翳，种子治老人便秘。

《部藏标》：花用于遗精；果用于尿闭，淋病，水肿，口渴，肾热，膀胱热。

《青藏药鉴》：花治月经过多，鼻衄不止；果治小便不通，腹泻，口渴等症。

《中国藏药》：花、种子及根主治肾衰，遗精，热性尿闭。

《藏本草》：花治遗精，月经过多，衄血，子宫炎，白带过多；种子治疗小便不利，腹泻，肾炎，水肿：根补肾，健胃，肾衰，食欲不振。

《蒙药》：种子用于泌尿系结石，尿闭，淋病，泻泄，消渴，疮疡。

《蒙植药志》：花用于肾热，膀胱热，水肿，滑精，赤白带下。

《侗医学》：根、茎及花、叶主治耿来（腰痛水肿），涸冷（水肿病）。

《土家药》：花蕾治月经不调，闭，月庭痨《土家药》。

（二）生长习性

蜀葵喜阳光充足，耐半阴，但忌涝。耐盐碱能力强，在含盐 0.6% 的土壤中仍能生长。耐寒冷，在华北地区可以安全露地越冬。在疏松肥沃、排水良好、富含有机质的沙质土壤中生长良好。

（三）繁殖方法

蜀葵通常采用播种法繁殖，也可进行分株和扦插法繁殖，生产中多以播种繁殖为主，在华北地区以春播为主。

（四）栽培技术

蜀葵栽培管理较为简易。

1. 播种

在华北地区一般当年播种，当年开花。种子约一周后发芽，当长出 2 ~ 3 片真叶时进行一次移栽。

2. 管理

栽植后适时浇水，在开花前结合中耕除草追肥 1 ~ 2 次，追肥以磷、钾肥为好。同时经常松土、除草，以利于植株生长健壮。当蜀葵叶腋形成花芽后，追施 1 次磷、钾肥。为延长花期，应保持充足的水分。花后及时将地上部分剪掉，还可萌发新芽。

（五）病虫害防治

1. 锈病

多年生老株蜀葵易发生蜀葵锈病，感病植株叶片变黄或枯死，叶背可见到棕褐色、粉末状的孢子堆。防治方法：春季或夏季在植株上喷施波尔多液或播种前进行种子消毒可起到防治效果；发病初期可喷 15% 粉锈宁可湿性粉剂 1000 倍液，或 70% 甲基托布津可湿性粉剂 1000 ~ 1500 倍液，或

75%百菌清可湿性粉剂600倍液等，每7～10天喷一次，连喷2～3次，均有良好防治效果。

2. 白斑病

又叫斑枯病，主要危害蜀葵的叶片。蜀葵白斑病发病初期，蜀葵叶面着生有褐色的小斑点，随着病情的发展，病斑逐渐扩展为圆形、椭圆形或不规则形，病斑中央呈灰白色，外缘呈红褐色。在湿润环境下病斑上可着生有灰褐色霉层。防治方法：及时将病叶摘除；增加磷钾肥的施用；发病初期，可用75%百菌清可湿性颗粒800倍液或50%多菌灵可湿性颗粒500倍液或70%甲基托布津可湿性颗粒1200倍液喷雾进行防治，每10天喷1次，连续喷3～4次，可有效控制住病情。

3. 螟

防治方法：发生时可喷施含量为16000IU/mg的Bt可湿性粉剂500～700倍液，或25%灭幼脲悬浮剂1500～2000倍液，或20%米满悬浮剂1500～2000倍液等。

（六）采收

因蜀葵种子成熟后易散落，应及时采收。

四十、五味子

五味子（*Schisandra chinensis*（Turcz.）Baill.）或华中五味子（*Schisandra sphenanthera* Rehder & E. H. Wilson）的干燥成熟果实，俗名玄及、会及、五梅子、山花椒、壮味、五味、吊榴，为木兰科五味子属多年生落叶藤本植物，前者习称“北五味子”，后者习称“南五味子”。分布于黑龙江、吉林、辽宁、内蒙古、河北、山西、宁夏、甘肃、山东等地。秋季果实成熟时采摘，晒干或蒸后晒干，除去果梗及杂质，即为一味中药。

五味子花乳白色或粉红色，芳香；果熟时呈穗状聚合果，浆果球形，肉质熟时深红色。花期5—6月，果期7—9月。

（一）药用价值

性味：性温，味酸。

归经：入肺、肾、心经。

功能：敛肺，滋肾，生津，收汗，涩精。

主治：肺虚喘咳，口干作渴，自汗，盗汗，劳伤羸瘦，梦遗滑精，久泻久痢。

《本经》：主益气，咳逆上气，劳伤羸度，补不足，强阴，益男子精。

《名医别录》：养五脏，除热，生阴中肌。

《日华子本草》：明目，暖水脏，治风，下气，消食，霍乱转筋，痃癖奔豚冷气，消水肿，反胃，心腹气胀，止渴，除烦热，解酒毒，壮筋骨。

李杲：生津止渴。治泻痢，补元气不足，收耗散之气，瞳子散大。

王好古：治喘咳燥嗽，壮水镇阳。

《本草蒙筌》：风寒咳嗽，南五味为奇，虚损劳伤，北五味最妙。

《本草通玄》：固精，敛汗。

孙思邈：五月常服五味子以补五脏气。遇夏月季夏之间，困乏无力，无气以动，与黄芪、人参、麦门冬，少加黄檗煎汤服，使人精神顿加，两足筋力涌出。

《用药心法》：（五味子）收肺气，补气不足，升也。酸以收逆气，肺寒气逆，则以此药与干姜同用治之。

《本草衍义补遗》：五味子，今谓五味，实所未晓，以其大能收肺气，宜其有补肾之功，收肺气非除热乎？补肾非暖水脏乎？食之多致虚热，盖收肾之骤也，何惑之有？火热嗽必用之。

《本草纲目》：五味子，入补药熟用，入嗽药生用。五味子酸咸入肝而补肾，辛苦入心而补肺，甘入中宫益脾胃。

（二）生长习性

五味子野生于海拔 1200 ~ 1700m 的沟谷、溪旁、山坡，生长在山区的杂木林中、林缘或山沟的灌木丛中，缠绕在其它林木上生长，喜微酸性腐殖土，其耐旱性较差，自然条件下，在肥沃、排水好、湿度均衡适宜的土壤上发育最好。

（三）繁殖方法

野生五味子除种子繁殖外，主要靠地下横走茎繁殖。在人工栽培中，很多人进行了扦插、压条和种子繁殖的研究。其结果扦插压条虽然也能生根发育成植株，但生根困难，处理时要求条件不易掌握，均不如种子繁殖。种子繁殖方法简单易行，并能在短期内获得大量苗子。

1. 选种方法

种子的选择：五味子的种子最好在秋季收获期间进行生穗选，选留果粒大、均匀一致的果穗作种用，单独干燥和保管。

2. 种子处理

（1）室外处理　五味子的秕粒很多。出种率 60% 左右。于结冻前将选作种用的果实，用清水浸泡至果肉涨起时搓去果肉。在搓果肉的同时可将浮在水面上的秕粒除掉。搓掉果肉后的种子再用清水浸泡 5 ~ 7 天，使种子充分吸水，每隔两天换一次水。浸泡后捞出控干，与 2 ~ 3 倍于种子的湿砂混匀，放入室外准备好的深 0.5m 左右的坑中，上面覆盖 10 ~ 15cm 的细土，再盖上柴草或草帘子，进行低温处理，翌年 5 ~ 6 月即可裂口播种。

（2）室内处理　2 月下旬将种子移入室内清除果肉，拌上湿砂装入木箱进行砂藏处理，其温度可保持在 5 ~ 15℃，翌春即可裂口播种。

（四）栽培技术

1. 播种育苗

（1）育苗田的选择　育苗田选择肥沃的腐殖土或砂质壤土，做成高床，床高15cm，床宽1.2m，长视地势而定。每平方米施腐熟厩肥5～10kg，与床土充分搅拌均匀，搂平床面即可播种。

（2）播种时期和方法　一般在5月上旬至6月中旬播种，经过处理的种子，条播或撒播，条播行距10cm，覆土1.5～3cm，每平方米播种量30g左右。

（3）苗田管理　播种后搭1～1.5m高的棚架，上面用草帘或苇帘等遮阴，土壤干旱时浇水，使土壤湿度保持在30%～40%，待小苗长出2～3片真叶时可撤掉遮阴帘。并要经常检查，翌春即可移栽定植。

2. 灌水施肥

五味子喜肥，生长期需要足够的水分和营养。栽植成活后，要经常浇水，保持土壤湿润，结冻前灌一次水，以利越冬。孕蕾开花结果期，除需要足够水分外，还需要大量养分。每年追肥1～2次，第一次在展叶期进行，第二次在开花后进行。一般每株可追施腐熟的农家肥料5～10kg。追施方法，可在距根部30～50cm周围开15～20cm深的环状沟，施入肥料后覆土。开沟时勿伤根系。

3. 剪枝

（1）春剪　一般在枝条萌芽前进行。剪掉过密果枝和枯枝，剪后枝条疏密适度，互不干扰。

（2）夏剪　一般在5月上中旬至8月上中旬进行。主要剪掉基生枝、膛枝、重叠枝、病虫枝等。同时对过密的新生枝也需要进行疏剪或短截。夏剪进行得好，秋季可轻剪或不剪。

（3）秋剪　在落叶后进行。主要剪掉夏剪后的基生枝。并在修剪伤口处及时涂抹愈伤防腐膜，促进伤口愈合，防止病菌侵袭感染。

不论何时剪枝，都应选留2～3条营养枝，作为主枝，并引蔓上架。用“促花王3号”喷施，可大大促进花芽分化，提高开花坐果率。

4. 搭架

移植后第二年即应搭架。可用水泥柱或角钢做立柱，用木杆或8号铁线在立柱上部拉一横线，每个主蔓处立一竹竿或木杆，竹竿高2.5～3m，直径1.5～5cm，用绑线固定在横线上，然后引蔓上架，开始时可用强绑，之后即自然缠绕上架。

5. 增粗

果蒂分别在花蕾期、幼果期和果实膨大期，喷施壮果蒂灵，增粗果蒂，加大营养输送量，防落花，提高授粉能力，提高坐果率，加快膨大速度，确保优质高产。

6. 松土、除草

五味子生育期间要及时松土、除草，保持土壤疏松无杂草，松土时要避免碰伤根系，在五味子基部做好树盘，便于灌水。

7. 培土

入冬前在五味子基部培土，可以保护五味子安全越冬。

（五）病虫害防治

1. 根腐病

5 月上旬至 8 月上旬发病，开始时叶片萎蔫，根部与地面交接处变黑、腐烂，根皮脱落，几天后病株死亡。防治方法：选地势高燥、排水良好的土地种植；发病期用 50% 多菌灵 500 ~ 1000 倍液根际浇灌。

2. 叶枯病

5 月下旬至 7 月上旬发病，先由叶尖或边缘干枯，逐渐扩大到整个叶面，干枯而脱落，随之果实萎缩，造成早期落果。高温多湿、通风不良时发病严重。防治方法：7 ~ 10 天喷施 1∶1∶100 比例的波尔多液，发病时可喷施粉锈宁或甲基托布津 500 倍液。

3. 果腐病

果实表面着生褐色或黑色小点，以后变黑。防治方法：用 50% 代森铵 500 ~ 600 倍液，每隔 10 天喷 1 次，连续喷 3 ~ 4 次。

4. 白粉病和黑斑病

是五味子常见的两种病害，一般发生在 6 月上旬，这两种病害始发期相近，可同时防治。在 5 月下旬喷 1 次 1∶1∶100 比例的波尔多液进行预防，如果没有病情发生，可 7 ~ 10 天喷 1 次。

5. 卷叶虫

幼虫 7—8 月份发生危害。成虫暗黄褐色，幼虫初为黄白色，后为绿色。3 龄后吐丝卷叶取食，影响五味子果实发育，严重时产生落果，造成减产。防治方法：用 80% 敌百虫 1000 ~ 1500 倍液喷雾防治，幼虫卷叶后用 40% 乐果乳油 1000 ~ 1500 倍液防治。

（六）采收

栽后 4 ~ 5 年大量结果，9—10 月份果实呈紫红色时，随熟随采，晒干或烘干，搓去果柄，挑出黑粒即可入库贮藏。

四十一、马鞭草

马鞭草（*Verbena officinalis* L.），俗名紫顶龙芽草、野荆芥、龙芽草、凤颈草、蜻蜓草、退血草、燕尾草，马鞭草科马鞭草属多年生直立草本植物，分布于我国西南、山西、陕西、甘肃、新疆、江苏、安徽、浙江、江西、福建等地区，全世界的温带至热带地区均有分布。株高可达120cm，花蓝紫色，花果期6—10月。

全草供药用，有凉血、散瘀、通经、清热、解毒、止痒、驱虫、消胀的功效。

（一）药用价值

性味：苦，凉。

归经：入肝、脾经。

功能：清热解毒，活血散瘀，利水消肿。

主治：外感发热，湿热黄疸，水肿，痢疾，疟疾，白喉，喉痹，淋病，经闭，症瘕，痈肿疮毒，牙疳。

《名医别录》：主下部匿疮。

《本草拾遗》：主症癖血瘕，久疟，破血。作煎如糖，酒服。

《日华子本草》：通月经，治妇人血气肚胀，月候不匀。

《本草衍义补遗》：治金疮，行血，活血。

《本草纲目》：捣涂痈肿及蠼螋尿疮，男子阴肿。

《生草药性备要》：活血通经。能去脓毒，洗痔疮毒，退上部火，理跌打。

《分类草药性》：去小便血淋肿痛。

《天宝本草》：利小便，平肝泻火。治赤疮，火眼。

《现代实用中药》：根用于赤白痢疾，慢性疟疾，水肿，膨胀等。并有泻下作用。

《本草经疏》：马鞭草，本是凉血破血之药。下部脓疮者，血热之极，兼之湿热，故血污浊而成疮，且有虫也。血凉热解，污浊者破而行之，靡不瘥矣。陈藏器谓其破血杀虫，亦此意耳。

《欧洲药学杂志》：治疗和预防血腥吸血热。

（二）生长习性

马鞭草常生长在低至高海拔的路边、山坡、溪边或林旁。喜干燥、阳光充足的环境。对土壤要求不严。喜肥，喜湿润，怕涝，不耐干旱，一般的土壤均可生长，但以土层深厚、肥沃的壤土及沙壤土长势健壮，低洼易涝地不宜种植。

（三）繁殖方法

种子繁殖。

（四）栽培技术

1. 选地与整地

选择土层较厚的壤土或沙壤土为种植地。翻耕，深 18 ~ 25cm；每亩施充分腐熟的厩肥 2000 ~ 2500kg 作为基肥，撒匀。做成上宽 50cm、高 15cm 的畦，耙平畦面，两畦间留作业道 25 ~ 30cm。也可以做成农田小垄。

2. 播种

时间为 4 月下旬—5 月上旬。开沟条播。首先将畦面土耙细，在距畦边 5cm 处顺畦开沟，行距 25 ~ 30cm，沟深 15 ~ 20cm，踩平底格，再施少量生物肥做底肥，每亩用量 15 ~ 20kg。肥上覆土少许，将种子均匀地撒入，覆土厚度 1 ~ 1.5cm，稍加镇压。每亩用种量 0.5kg。

3. 田间管理

在温、湿度正常的情况下，播种 10 ~ 20 天出苗。当株高 5cm 时间苗，株距 10cm 左右，间下来的小苗可再移栽它地。结合锄草进行松土，并适当进行根际培土。土壤过于干旱时应及时浇水，以保证植株正常生长的需要。多雨季节要注意田间排水，雨后要及时松土。

（五）病虫害防治

据种植的结果来看，未发现有较为严重的病虫害发生，只是田间长时间的大量积水有根腐病发生；因此，只要及时排水、松土就可以避免。药物防治以 50% 的多菌灵 500 ~ 600 倍液根部浇灌即可，严重时隔 7 ~ 10 天再进行 1 次。

（六）采收

6—8 月份花开时采收，割取地上部分，去净杂质，晒干。

留种应单独设立种子田。株距 15 ~ 20cm，行距 20 ~ 25cm。要加强田间管理，花前适当增施磷、钾肥，这样可使籽粒饱满，以获得更多的良种。

当有 75% ~ 80% 的种子成熟时，将植株割下来，置于通风良好的背阴处 4 ~ 6 天，再进行脱粒；除净杂质和瘪粒，晾晒 3 ~ 4 天，将种子装入洁净的布袋，放于通风的库房中，以备翌年种植。

四十二、巴戟天

巴戟天（*Morinda officinalis* F. C. How），俗名鸡肠风、鸡眼藤、黑藤钻、兔仔肠、三角藤、糠藤，为双子叶植物茜草科巴戟天属植物，主产于广东、广西等地，生于山地疏、密林下和灌丛中，常攀于灌木或树干上，亦有引作家种，花期 5—7 月，果熟期 10—11 月。药用植物，药用部位为地下根茎，主治阳痿遗精、宫冷不孕、月经不调、少腹冷痛、风湿痹痛、筋骨痿软。

（一）药用价值

性味：性微温；味甘、辛。

归经：归肝、肾经。

功效：补肾阳，强筋骨，祛风湿。

主治：阳痿遗精，宫冷不孕，月经不调，少腹冷痛，风湿痹痛，筋骨痿软。

《本草求真》：巴戟天，气味辛温，又能祛风除湿，故凡腰膝疼痛、风气、脚气水肿等症，服之更为有益。

《本草经疏》：巴戟天，主大风邪气。

《本草汇》：巴戟天，为肾经血分药，盖补助元阳则胃气滋长，诸虚自退，其功可居萆薢、石斛之上。

《本草新编》：夫命门火衰，则脾胃寒虚，即不能大进饮食，用附子、肉桂以温命门，未免过于太热，何如用巴戟天之甘温，补其火而又不烁其水之为妙耶？或问巴戟天近人止用于丸散之中，不识亦可用于汤剂中耶？曰：巴戟天正汤剂之妙药，温而不热，健脾开胃，既益元阳，复填阴水，真接续之利器，有近效而又有速功。

《本草求真》：巴戟天，据书称为补肾要剂，能治五痨七伤，强阴益精，以其体润故耳。然气味辛温，又能祛风除湿，故凡腰膝疼痛，风气脚气水肿等症，服之更为有益。观守真地黄饮子，用此以治风邪，义实基此，未可专作补阴论也。

《本经》：主大风邪气，阳痿不起，强筋骨，安五脏，补中增志益气。

《名医别录》：疗头面游风，小腹及阴中相引痛，下气，补五劳，益精。

《药性论》：治男子梦交泄精，强阴，除头面中风，主下气，大风血癞。

《日华子本草》：安五脏，定心气，除一切风。疗水肿。

《本草纲目》：治脚气，去风疾，补血海。

《本草求原》：化痰，治嗽喘，眩晕，泄泻，食少。

广州部队《常用中草药手册》：补肾壮阳，强筋骨，祛风湿，治肾虚腰脚无力，痿痹瘫痪，风湿骨痛，神经衰弱，阳痿遗精，早泄，失眠；妇女不育。

（二）生长习性

巴戟天为多年生藤状灌木。适应性较强，喜温暖的气候，宜阳光充足，忌干燥和积水，以排水良好、土质疏松、富含腐殖质多的砂质壤土或黄壤土为佳。黏土生长不好。土层厚者生长良好。

（三）繁殖方法

用根头和扦插繁殖均可，以扦插繁殖为主。

1. 扦插法

于清明至谷雨间种植。选择2～3年的粗壮藤茎，除去过嫩过老的部分，再剪成长约25cm的插穗。每枝插穗须有3～4个节（两端并须有节）。扦插深度约15cm，每穴插2～3枝，插后覆以细土，踏实，浇水。此法5～7年才可收获，所以多于巴戟两旁间种木薯、生姜等作物。

2. 根头繁殖法

采挖巴戟时，利用原苗的根头部（带有残根和部分藤茎）种植于整好的地上，压紧，浇水。此法4～5年即可收获。

（四）栽培技术

1. 选地整地

选含腐殖质多的沙壤土较好。于秋季深翻土地约30cm，至翌春种植前再耕耙1次，并做成宽0.7～1m的梯田，按株距60～70cm，挖15cm深的穴，以备种植。

2. 栽种

按根头繁殖或扦插繁殖栽种。

3. 田间管理

种植巴戟一般较粗放，管理多结合间种作物进行。无论是根头繁殖还是扦插繁殖，均需经常保持田间湿润，以利成活。待成活后可少浇水，但雨后注意排水。早春时勤除杂草。巴戟天喜肥，种后次年春天每亩施土杂肥1500kg，开沟施于行间，也可施用硫酸铵5～10kg混以过磷酸钙20kg。若枝条过多过旺，可剪去一部分，只留3～5条主蔓即可。因为枝条多了，开花结果消耗养分，影响根块生长。冬季宜培土过冬，来年则茎生长多而茂盛。

（五）病虫害防治

1. 轮纹病

主要危害叶片。此病在高温多湿、通风条件不良时发生，病株叶片穿孔，枯黄脱落。防治方法：在病发初期及早摘除病叶烧毁，或用代森锌600～800倍液喷射，10～15天喷1次，连续1～2次。

2. 茎基腐病

在施用氮肥过多或长期阴雨潮湿的天气、土壤排水不良时容易发生。防治方法：选无病的植株繁殖，注意合理施肥，不与花生、黄豆间种。发病后可用1份石灰加3份草木灰混合施入根部，或用1∶1∶（140～200）比例的波尔多液、代森锌800～1000倍液喷射，每隔7～10天喷1次，连续2～3次。

3. 烟煤病

由蚜虫、甲壳虫等危害引起。发病后，茎、叶、果的表面发生黑色霉层，直接影响光合作用而导致植株生长衰退，块根细小，品质低劣。防治方法：除消灭蚜虫和甲壳虫外，发病后用代森锌800～1000倍液喷雾。

4. 红蜘蛛、潜叶蝇、金龟子、白蚁等

可分别用松脂合剂、白蚁药等防治。

（六）采收

巴戟天以种植5～6年后采挖为宜，采收时间以秋、冬季为好。起挖后用水洗净泥土。

四十三、龙胆

龙胆（*Gentiana scabra* Bunge），俗名地胆头、磨地胆、鹿耳草（海南），为龙胆科龙胆属多年生草本植物，分布于东北及内蒙古、河北、陕西、新疆、江苏、安徽、浙江、江西等地，国外朝鲜、苏联、日本也有分布。高 30 ~ 60 cm，花冠筒状钟形，蓝紫色，有时具多数黄绿色斑点，颇具景观，花果期5—11 月。生草甸、灌丛或林缘。根入药，能去肝胆火。

（一）药用价值

性味：苦，寒。

归经：归肝、胆经。

功能：泻肝胆实火，除下焦湿热。

主治：治肝经热盛，惊痫狂躁，乙型脑炎，头痛，目赤，咽痛，黄疸，热痢，痈肿疮。

《本经》：主骨间寒热，惊癎邪气，续绝伤，定五脏，杀蛊毒。

《名医别录》：除胃中伏热，时气温热，热泄下利，去肠中小虫，益肝胆气，止惊惕。《别录》

《药性论》：主小儿惊痫入心，壮热骨热，痈肿；治时疾热黄，口疮。

《日华子本草》：治客忤，疳气，热病狂语，疮疥，明目，止烦。

《本草图径》：古方治疸多用之。

《履巉岩本草》：治酒毒便血，肠风下血。

《医学启源》：治黄目赤肿，睛胀，瘀肉高起，痛不可忍。

《滇南本草》：治咽喉疼痛，洗疮疥毒肿。

《医学入门》治卒心痛，虫攻心痛，四肢疼痛。

《本草纲目》：疗咽喉痛，风热盗汗。

（二）生长习性

龙胆种子发芽要求较高的温湿度，适当的光照，25℃左右，一周即可发芽，低于 20℃半月左右才能发芽，种子发芽率 60% ~80%。种子不耐贮藏，寿命短，适用年限一年。生育适温 20～28℃，夜间 15℃，白天超过 30℃生长不利。播后第二年开花结实。8 月上旬初花，花期 50 天，昼开夜闭。喜充足光照，出苗期需弱光，幼苗生长期需自然光照。水分要求适中，适宜的土壤温度为田间持水量的 60%～80%。

（三）繁殖方式

种子繁殖。

（四）栽培技术

1. 选地与整地

龙胆草人工栽培分直播和育苗移栽两种。由于龙胆草种子非常小，对播种技术要求较严格，为保证质量，提高经济效益，多采用育苗移栽的生产方式。

一般育苗地应选择地势平坦、背风向阳、土壤较湿润的地块。土质以富含腐殖质的壤土或沙壤土为好，且一定要保证水源，以利灌溉。

移栽地块可选择岗平地、缓平地，也应土质肥沃，新垦荒地亦可。育苗地要精耕细作。可深翻 20cm，整平耙细，并施足腐熟的有机肥。作床以方便管理为宜，一般床宽 1.2～1.5m，长依地块而定，有条件最好在床面上铺一层腐殖土。

移栽地块也应深翻 20cm，清除杂物，施足底肥，床宽也是 1.2～1.5 m。不论是育苗床还是移栽地块，作床时要留有作业道，以利于除草、灌溉和覆盖等项管理。

2. 育苗与移栽

龙胆草种子非常小（千粒重仅 23mg 左右），对育苗技术要求较高。一般在 4 月下旬以后进行播种。首先将苗床浇透水，待水渗下后即可播种。因龙胆草种子小，可采用拌沙等方法将种子均匀播下，然后用细沙土薄薄覆盖，其厚度以盖住种子为宜，10 天左右就可以出苗。

移栽可在秋、春两季进行。在深翻、施肥作床的基础上，从床的一端开始栽。按 15～18cm 行距进行开沟，沟深 9～12cm。再按 15cm 株距把龙胆草苗斜放于沟壁上，顶芽稍低于地平面。然后培土，稍加踩实即可。栽完后床面最好覆盖一层腐熟的细马粪，既可保持土壤湿润又可防寒。为提高移栽成活率和产量，可用“ABT”生根粉蘸根，其效果很好。具体方法：用 5 号生根粉，配制成浓度为 25mg/kg 的溶液蘸根 5～10min。

3. 田间管理

龙胆草苗期要注意浇水和除草，并适时追肥。4—5 月追施氮肥，促进茎叶生长；7—8 月增施磷钾肥，促进根部生长。因龙胆草性喜凉爽，盛夏温度高于 36℃易被日光灼伤，故可在床间间作高秆作物，如玉米、高粱等，既可起遮阴降温作用，又可提高土地利用率。

（五）病虫害防治

龙胆草主要病害为斑枯病，同时也有白绢病发生，均在 7—8 月份造成危害，对产量影响较大，故应及时进行防治，其主要防治措施：一是入冬时清除枯枝落叶集中烧毁；二是移栽前用 15% 的高锰酸钾对苗床进行杀菌，以防秧苗带菌；三是发病时可用甲基托布津 600 倍液喷施，每隔 7 ~ 15 天喷 1 次，连续喷施 5 次左右，可减轻病害。发生白绢病时，要及时拔出病株，并用生石灰或草木灰撒于病区，可防止蔓延。

（六）采收

人工栽培龙胆定植后 2 ~ 3 年即可采收。由于根中总有效成分含量在枯萎至萌动前为最高，所以每年应在此期采收。一般以刨翻或挖取方式起收。

挖出的根部，先去掉茎叶，洗净泥土，阴干或弱光下晒干，晒至七八成干时，将根捋直，捆成小把，再晒干入库。

四十四、西洋参

西洋参（*Panax quinquefolius* Linn.），俗名花旗参、洋参、西洋人参，是五加科人参属多年生草本植物，原产于加拿大的大魁北克与美国的威斯康辛州，中国北京怀柔与长白山等地也有种植。加拿大产的称作西洋参，美国产的称作花旗参。花期7月，果熟期9月。

中国产的西洋参以北京怀柔产的为佳。

（一）药用价值

性味：性凉，味甘、微苦。

归经：归心，肺，胃，肾经。

功能：补气养阴，清热生津。

主治：用于气虚阴亏，内热，咳喘痰血，虚热烦倦，消渴，口燥喉干。

《本草纲目》：《从新》：补肺降火，生津液，除烦倦。虚而有火者相宜。

《再新》：治肺火旺，咳嗽痰多，气虚咳喘，失血劳伤，固精安神，生产诸虚。

《本草纲目拾遗》：《药性考》：洋参似辽参之白皮泡丁，味类人参，惟性寒，宜糯米饭上蒸用，甘苦，补阴退热。姜制，益元扶正气。

《从新》：苦寒微甘，味厚气薄，补肺降火，生津液，除烦倦，虚而有火者相宜。

《类聚要方》：用西洋参蒸桂圆服之，神效。

《本草分经》：苦、寒，微甘。补肺降火，虚而有火者宜之。

《医学衷中参西录》：味甘微苦，性凉。能补助气分，兼能补益血分，为其性惊而补，凡欲用人参而不受人参之温补者，皆可以此代之。

（二）生长习性

西洋参生长于海拔1000m左右的山地，喜散射光和漫射光，适应生长在森林沙质壤土。

（三）繁殖方法

种子繁殖。

（四）栽培技术

1. 种子处理

西洋参的种子属胚后熟类型，具有长期休眠的特征，因此，必须通过种子处理，使其完成形态后熟和生理后熟。西洋参种子的形态后熟最适温度为10～15℃。将种子拌清洁的细沙储藏，保持7%的湿度，置于地下室内，在10～15℃温度下处理60天后，其裂口率可达80%以上，胚长达4mm以上。在完成形态后熟阶段之后，还须在0～5℃的低温下处理120天，才能通过生理后熟阶段而发芽，其发芽率达85%左右即可播种。

2. 播种

采用点播。宜在春季2、3月进行，或在秋末冬初。株行距5cm×10cm，每穴播入种子2粒，播后覆土3cm，上盖腐熟落叶或稻草等10cm，浇水保持湿润。每亩播种量为5～6kg。

3. 选地

在我国低纬度地区，宜选择海拔高度800～1100m的山地阔叶林地带或肥沃的园田。此处土壤呈微酸性，富含腐殖质，土层较厚，且易于排水，气候凉爽而湿润。以周围有灌溉条件的休闲地或生疏地为好。

4. 整地

选好的参地，应在播种前1年的春、夏进行深耕，深度30cm左右，休闲1年，使土壤暴晒风化，每平方米分别拌50%多菌灵8g，进行土壤消毒。再施入2～3kg腐熟厩肥、1kg骨粉或过磷酸钙，与畦土混匀，整平耙细，筑成宽1.2m、深2.5cm的高畦，作业道宽70～80cm，以利排水、空气流通和接受散射光。

5. 移栽

参苗经培育2年后，按株行距12.5cm×25cm进行移栽。栽植时期以秋季10月底地上部枯萎后进行为好，也可春栽。按大、中、小分级栽培。多采用斜栽法，栽植沟与地面保持40°～45°斜角，栽时根部朝下，芽向上，沟内撒施一些骨粉，然后覆土厚约5cm，畦面覆4～5cm树叶或麦草短节，或再加盖3cm的锯木屑，以保持幼苗安全越冬和防止杂草滋生。

6. 盆栽技术

盆栽西洋参可在3月初进行，也可在10月中、下旬进行，并做到随起苗随栽培，可提高成活率。

盆栽西洋参的培养土，最好用山坡腐殖土（6 份）、腐熟的柞树叶（2 份）、腐熟的畜粪（1 份）、细沙（1 份）过筛后，混拌均匀制成。但切勿利用柳树叶和新鲜柞树叶做栽培土。

用做盆栽的参苗，要选择浆气足、芽苞饱满、无病虫害的壮苗。花盆的大小，可依参苗的大小而定，如是两年生参苗宜用盆口直径 20～30cm、盆深 25～35cm 的花盆或木箱。先将培养土放入花盆中 3～4cm 厚，然后将参苗斜栽于盆中，使须根顺直，切勿卷曲。接着将培养土添满盆中，芽苞距土表 3cm 左右，浸透水，放在不被强光直射的背阴处。

7. 田间管理

（1）架棚遮阴　西洋参是林下阴生植物，忌直射阳光，无论在山地或大田栽培，都需要架设阴棚遮阴。阴棚的透光度为 25%～30%，即隐蔽度为 70%～75%。林下栽参，也要按畦搭棚适当遮阴，棚高 2m。伐林栽参，可采用弓形棚或双透帘。农田栽参，用细竹子编成帘子，搭成平顶大棚，棚柱高 2m，边缘棚柱高 1.2m，呈弓状。竹帘长 4m，宽 2m，用铁丝固定在棚架上。每年 4 月中旬出苗前架棚，9 月倒苗后把棚架上的竹帘取下翌年再用。

（2）施肥　于每年 10 月地上部枯萎时，在株间开 3～5cm 的浅沟，每平方米施入腐熟肥 2～2.5kg、骨粉 0.5kg、复合肥 0.05kg。生长期要重视追肥，如 6、7 月生长旺盛时期，用 2% 过磷酸钙加 0.3% 尿素，在上午 10 点前或下午 3 点后进行根外追肥，每年 1～3 次，效果明显。

（3）覆盖　夏至后至处暑前，为避免阳光直射，在作业道空间及畦面上要覆盖腐熟的落叶、稻草及锯木屑等。尤其要盖上一层厚厚的落叶，冬季既可以保暖防寒，夏季又可以防止水分蒸发，避免棚内和畦面温度过高，对西洋参生长极为有利。

（4）灌溉　在西洋参生长期应保持土壤含水量在 40%～50%，除自然降水外，可通过灌溉来满足西洋参对水分的要求。

（五）病虫害防治

1. 地上部茎、叶病害及其防治

主要病害有斑点病、炭疽病、疫病。防治方法：一是保持参畦通风，排水良好，及时上帘、插花，防治雨水侵袭；二是增施磷钾肥提高抗病力；三是发现病株及时烧毁，病穴用 5% 石灰乳进行消毒；四是喷 65% 代森锌波尔多液。湿度正常时采用 1000、1200 倍代森锌液，湿度过大、病害严重时可喷 800～1000 倍液。在西洋参展叶后，第 1 次喷 1∶1∶140 比例的波尔多液，以后改用1∶1∶120比例的波尔多液；五是喷50%的多菌灵，在出苗后或展叶前喷500倍液，展叶后改用1000倍液。

2. 土壤中茎部病害及其防治

病害主要包括立枯病和猝倒病。防治方法：一是用50%多菌灵400倍液浇灌。一般从中心病株开始，逐渐向外扒开畦面表土，发现参茎有黄色病斑，立即浇药。防治效果达90%以上，每平方米用药液10kg；二是播种时，用70%敌克松或50%多菌灵拌种或拌于覆土中，每平方米用量为20g。也可在栽参前用10%可湿性多菌灵粉剂，每亩用3～5kg进行土壤消毒。

3. 西洋参根部病害及消毒防治

主要包括锈腐病和菌核病。防治方法：一是栽参前，土壤用多菌灵拌土消毒，用量同前；二是发病前浇灌50%多菌灵200倍液，每平方米10kg；三是进行参苗消毒。将参苗整齐地放入木槽中（芦头朝上，勿浸芽苞），然后将65%代森锌100倍液或50%多菌灵1000倍液或1∶1∶100比例的波尔多液浸根10min，药液位置在芽苞下方。

4. 西洋参地下病虫及其防治

西洋参地下害虫有蛴螬、地老虎、蝼蛄和金针虫。防治方法：一是有机肥要充分腐熟；二是在田间挂黑光灯或马灯诱杀成虫，灯下放置盛有煤油和水的容器；三是发生期用90%的敌百虫1000倍液或75%辛硫磷乳油700倍液浇灌；四是毒饵诱杀。用麦麸等50kg炒香，加90%敌百虫原药0.5kg、水50kg，制成毒饵，傍晚时每亩施1.5～2kg。

（六）采收

1. 采种

采种时间一般在8月下旬至9月上旬，当西洋参果实充分红熟时便可采收。采收过早，种子发育不好；采收过晚，果实易脱落，易遭鼠害。采收的红果要及时搓去果肉洗净，漂去瘪粒，待种子稍干、表面无水时便可埋藏，种子阴干含水量达15%以下方可。

2. 收根

西洋参一般4～5年采收，也有更多年才采收的。西洋参有效成分和年限成正比，年限越长化学成分越高，临床效果越好，经济效益也越高。

四十五、刺五加

刺五加（*Acanthopanax senticosus*（Rupr. & Maxim.）Harms），俗名刺拐棒、坎拐棒子、一百针、老虎潦、五加参、俄国参、西伯利亚人参等，为五加科五加属落叶灌木，主要分布于亚洲东北部、西伯利亚一带，花期6—7月，果期8—10月。其根部和根状茎可入药。

（一）药用价值

性味：温；味辛；苦；微甘。

归经：归肝，肾经。

功效：祛风湿，补肝肾，强筋骨，活血脉。

主治：主风寒湿痹，腰膝疼痛，筋骨痿软，小数点儿行迟，体虚羸弱，跌打损伤，骨折，水肿，脚气，阴下湿痒。

《本经》：主心腹疝气，腹痛，益气疗躄，小儿不能行，疽疮阴蚀。

《名医别录》：疗男子阳痿，囊下湿，小便余沥，女人阴痒及腰脊痛，两脚疼痹风弱，五缓虚羸，补中益精，坚筋骨，强志意。

《本草纲目》：治风湿痿痹，壮筋骨。

《药性论》：能破逐恶风血，四肢不遂，贼风伤人，软脚，臀腰，主多年瘀血在皮肌，治痹湿内不足，主虚羸，小儿三岁不能行。

《本草再新》：化痰除湿，养肾益精，去风消水，理脚气腰痛，治疮疥诸毒。

《日华子本草》：明目，下气，治中风骨节挛急，补五劳七伤。

《陕西中草药》：活血消肿。治风湿关节痛，阴囊湿疹，跌打损伤，水肿，小便不利。

《云南中草药》：治跌打损伤，骨折，疮毒，疟疾。

（二）生长习性

生于森林或灌丛中，海拔数百米至2000m。喜温暖湿润气候，耐寒、耐微荫蔽。宜选向阳、腐殖质层深厚、土壤微酸性的砂质壤土。种子有胚后熟物性，种胚要经过形态后熟和生理后熟之后才能萌发。

（三）繁殖方法

用种子、扦插及分株繁殖。

1. 种子繁殖

9—10 月采收成熟果实，浸泡 1 ~ 2 天，搓去果皮，混拌 2 倍湿砂，在 20℃左右温度下催芽，每隔 7 ~ 10 天翻动 1 次，约 3 个月左右。待种子有 50% 左右裂口时，放在 2℃以下低温处贮藏，于第 2 年 4 月中旬，按 8cm × 8cm 等距播种，每穴 2 ~ 3 颗种子，覆土 2cm 左右，盖 3 ~ 5cm 厚树叶。5 月出苗，除去覆盖物，浇水保持湿润，生长 2 年后移栽。

2. 扦插繁殖

在 6 月中、下旬剪取半木质化嫩枝，留一片掌状复叶或将叶片剪去一半，将插条在 1×10^{-3} μg/mL 吲哚丁酸溶液中蘸一下，促进生根。插床上覆盖薄膜或拾帘遮阴，每日浇水 1 ~ 2 次，约 20 天左右生根，去掉薄膜，生长 1 年后移栽，按行株距 2m × 2m 挖穴定植。

3. 分株繁殖

早春将分蘖株剪下，挖穴定植。

（四）栽培技术

1. 移栽

刺五加喜肥沃而疏松的土壤。野生刺五加多分布在林下或林缘腐殖土中。人工栽培应选择土层深厚的腐殖土或沙壤土，也可选择土层厚的荒山坡地、林边空地、溪流两侧。如在园田栽植，可在选好地块后，清除地表杂物，深翻 30 ~ 50cm，耙平整细；如在山坡荒地栽植，应做好梯田，以保水保肥。栽植株行距以 2m × 2m 为宜，穴深 40 ~ 50cm，每穴施入腐熟农家肥 5 ~ 10kg。移栽时间应在早春萌芽前进行。

2. 定植后的田间管理

（1）种植间作作物　刺五加由于行株距较大，在园田栽植的头两年可在行间种植间作作物。间作作物首先以玉米为好，玉米植株较高，能为刺五加适当遮阴；其次是大豆，大豆的根瘤菌能固氮，使土壤肥沃；此外，也可种植其他药用植物，如黄芪等。

（2）松土除草　要保持刺五加田间土壤疏松、无杂草。

（3）追肥　刺五加是喜肥植物，每个生育期应追肥 2 ~ 3 次：第一次在返青后进行，每次追施腐熟农家肥 2 ~ 3t/亩；第二次在前次追肥后 30 ~ 40 天进行，用肥量同前次，同时追施磷酸钾或磷酸二氢钾 20～30kg/亩；第三次在秋后进行，用肥量同第一次。

（4）水分管理　刺五加喜湿润土壤，但又怕涝。生育期间不能缺水。如遇天气干旱，必须及时浇水；在雨季还要注意排水防涝，不要使田间积水，长时间积水会使刺五加根部腐烂。

（5）培土　培土在入冬前进行。刺五加经过一个生育期的松土除草，有的根茎外露，影响越冬。秋末冬初应对刺五加进行培土。培土不要太厚，能将根茎埋入即可。有条件的可在根茎部覆盖一些无籽草，既有利于刺五加越冬，又有利于第二年刺五加的根茎分蘖。

（五）病虫害防治

刺五加病虫害很少发生，有时有蚜虫危害。防治方法：用 40% 乐果乳剂 2000 倍液喷洒，连续 2～3 次即可。

（六）采收

人工栽培的分蘖株要生长 3～4 年后采收，实生苗需要更长的时间才能采收。9 月下旬至 10 月中旬或春季树液流动前采收根、根茎及茎，去掉泥土，切成 30～40cm 长，晒干后捆成小捆装袋保存。药用叶可在 8 月采摘，干燥后保存。有的地区夏、秋两季挖取根部，洗净，剥取根皮，晒干后，放干燥处贮存。

四十六、射干

射干（*Belamcanda chinensis*（L.）DC.），俗名乌扇、乌蒲、黄远、乌蓮、夜干、乌翣、乌吹、草姜、鬼扇、凤翼，为鸢尾科射干属多年生草本植物，分布于全世界的热带、亚热带及温带地区，分布中心在非洲南部及美洲热带。产中国吉林、辽宁、河北、山西、山东、河南、安徽、江苏、浙江、福建、台湾、湖北、湖南、江西、广东、广西、陕西、甘肃、四川、贵州、云南、西藏，也产于朝鲜、日本、印度、越南、俄罗斯。根状茎药用，味苦、性寒、微毒。能清热解毒、散结消炎、消肿止痛、止咳化痰。

射干花形飘逸，有趣味性，适用于做花径。花期6—8月，果期7—9月。

（一）药用价值

性味：性微寒，苦辛，有小毒。

归经：入肺、肝经。

功效：解毒利咽、清热化痰、散热消结。

主治：治喉痹咽痛，咳逆上气，痰涎壅盛，瘰疬结核，疟母，妇女经闭，痈肿疮毒。

《本经》：主咳逆上气，喉痹咽痛，不得消息，散结气，腹中邪逆，食饮大热。

《名医别录》：疗老血在心脾间，咳唾，言语气臭，散胸中热气。

陶弘景：疗毒肿。

《药性论》：治喉痹水浆不入，通女人月闭，治疰气，消瘀血。

《日华子本草》：消痰，破症结，胸膈满，腹胀，气喘，痃癖，开胃下食，消肿毒，镇肝明目。

《珍珠囊》：去胃中痈疮。

《滇南本草》：治咽喉肿痛，咽闭喉风，乳蛾，痄腮红肿，牙根肿烂，攻散疮痈一切热毒等症。

《本草纲目》：降实火，利大肠，治疟母。

《生草药性备要》：敷疮洗肿，拔毒散血，跌打亦用。

《分类草药性》：治妇人白带。

《南京民间药草》：根茎、花和种子，泡酒服，治筋骨痛。

（二）生长习性

生于林缘或山坡草地，大部分生于海拔较低的地方，但在西南山区，海拔 2000 ~ 2200m 处也可生长。喜温暖和阳光，耐干旱和寒冷，对土壤要求不严，山坡旱地均能栽培，以肥沃疏松、地势较高、排水良好的沙质壤土为好。中性壤土或微碱性适宜，忌低洼地和盐碱地。

（三）繁殖方法

种子繁殖，采用直播和育苗移栽均可。也可采用根茎繁殖。种子繁殖分育苗移栽和直接播种。种子发芽温度在 10 ~ 14℃时开始发芽，20 ~ 25℃为最适温度，30℃发芽降低。种子繁殖出苗慢，不整齐，持续时间 50 天左右，多用塑料小拱棚育苗。

露地直播者，春播在清明前后进行，秋播在 9—10 月，当果壳变黄色将要裂口时，连果柄剪下，置于室内通风处晾干后脱粒取种。一般采用沟播。

（四）栽培技术

1. 育苗移栽

选择地势高燥或平地沙质壤土，排水良好为宜，前茬不限，但忌患过线虫病的土地，耕深 16cm，耕平做畦。按株行距为 25cm × 30cm 开沟定穴，沟深 5cm 左右，沟底要平整、疏松，在每穴内施入土杂肥，盖细土约 2cm 厚，然后播入催过芽的种子 5 ~ 6 粒。播后覆土压实，适量浇水，盖草保湿保温，每亩用种量 2 ~ 3kg，当苗高 6cm 时移栽到大田，$1m^2$ 育苗田可移栽 $20m^2$，按行株距（30 ~ 50）cm ×（26 ~ 30）cm 定植，浇水，成活率达 90% 以上，2 ~ 3 年收获。

2. 中耕锄草

播种或移栽后，一般第一年中耕除草 4 次，第一次在出苗后进行，以后在 5 月、7 月、11 月各进行 1 次。翌年及以后，只在 3 月、6 月、11 月各进行 1 次。总之，要通过中耕除草，使土壤表层疏松，通透性好，促进养分的分解转化，保持水分，提高地温，控制浅根生长，促根下扎，防止土壤板结，防除田间杂草，控制病虫害传播。

3. 追肥

射干是以根茎入药的药用植物，为使射干在采收当年多发根茎，并促其生长粗壮，提高产量和质量，必须在生长前期、中期增施肥料，在后期控制肥水，多施圈肥，每 10000m^2 施 37500～60000kg，加过磷酸钙 225～375 kg，根据其生长发育特点，每年应追肥 3 次，分别在 3 月、6 月及冬季中耕后进行，春夏以人畜粪水为主，冬季可施土杂肥，并增施磷钾肥，可促使根茎膨大，提高药用部的产量。

4. 灌水

射干一般不灌水，只有当土壤含水量下降到 20%、植株叶片呈萎蔫状态时才灌溉，这样能促使当年萌发根茎膨大加粗，提高产量和质量。射干不耐涝，在每年的梅雨季节要加强防涝工作，以免渍水烂根，造成减产。

5. 摘薹打顶

在射干的生长期内，除育苗定植当年的植株外，均于每年 7 月上旬开花，抽薹开花要消耗大量养分。因此，除留种田外，其余植株抽薹时须及时摘薹，使其养分集中供于根茎生长，以利增产。此外，在植株封行后，因通风透光不良，其下部叶片很快枯萎，这时就应及时将其除去，以便集中更多养分供根茎生长，提高产量和质量，同时，可减轻病菌的侵染。

（五）病虫害防治

射干的病虫害主要是锈病，在幼苗和成株时均有发生，但成株发生早，秋季危害叶片，呈褐色隆起的锈病，防治方法为合理轮作，发病初期喷 95% 敌锈钠 400 倍液，每 7～10 天喷 1 次，连续 2～3 次即可。

（六）采收

栽种后 2～3 年收获，在秋季地上部枯萎后去掉叶柄，把根刨出，去掉泥土晒干。

四十七、留兰香

留兰香（*Mentha spicata* L.），俗名绿薄荷、香薄荷、荷兰薄荷、青薄荷、香花菜、鱼香菜，是一种唇形科薄荷属直立多年生草本植物，原产南欧、加那利群岛、马德拉群岛、俄罗斯，国内分布于豫、冀、广、桂、滇、贵、新等省区，紫色或白色花，花期7—9月。叶经蒸馏可提取留兰香油，嫩枝、叶常作调味香料食用，可添加于调味品中增加料理风味，也可入药。

（一）药用价值

性味：辛、甘温、无毒。

归经：入肝、脾、胃。

功效：疏风、理气、止痛。

《全国中草药汇编》：祛风散寒，止咳，消肿解毒。

主治：伤风，头痛，胃脘胀痛。用于感冒咳嗽，胃痛，腹胀，神经性头痛；外用治跌打肿痛，眼结膜炎，小儿疮疖。

《中华本草》：解表和；中；理气；主治感冒；咳嗽；头痛；咽痛；目赤；鼻衄；胃痛。

（二）生长习性

1. 温度适应范围大

当日平均气温高于5℃、土温达2℃以上时，留兰香的根、茎、鳞、芽开始萌发，生长期最适温度为25～30℃，在气温30～40℃时也能正常生长；立冬前后种植，地下根茎可安全越冬。

2. 喜湿润

留兰香在生长初期和中期需要较多水分，但在现蕾期需要充足的阳光和干燥的气候，以利于油腺细胞的增长，因此，适宜在中国亚热带季风湿润气候区生长。

3. 喜光

留兰香是喜光植物，其叶片既是光合作用的器官，又是贮藏精油的主要场所。若种植密度过大，株间通风透光不良，会导致分枝节位高，分枝少，叶片易脱落，从而影响精油产量和质量。

4. 适宜弱酸性土壤

留兰香对土壤要求不高，以沙质、土质松散土壤为优，酸碱度以中性土壤为宜。由于留兰香地上部分生物量较大，需肥量尤其是氮肥需求量大。

（三）繁殖方法

由于种子繁殖变异较大，生产上多采取无性繁殖。

1. 根茎繁殖

早春3月将留兰香的地下根茎翻起，选健壮、色白、节密、无病虫害的新鲜根茎，切成6～8cm长根段，摆在开好的种植沟内，沟深6～8cm，沟距25cm左右，摆放时，每段根茎应首尾相连，摆好后随即覆土，压实，并浇透水。每亩大田需栽根茎100kg，每亩母本田的根茎可移栽8亩大田。

2. 分株繁殖

早春，在上年的留兰香地中，待留兰香新苗长至8cm左右时，连根茎一同挖起，分株移栽，每穴栽2株，行距25cm，株距10cm。

3. 扦播繁殖

5—6月份，选健壮的地上茎，切成6cm长的小段，在苗床上扦播，生根成活后移栽。

无论哪种方式繁殖，栽前都要精细整地，施足底肥，大田吐宽1.3m左右，以便排灌和管理。

（四）栽培技术

1. 整地

一个田块，两头出水，三沟配套，四面脱空。墒沟间距2.4m，腰沟间隔30m，田块沟间距离50m。头茬和二茬留兰香出苗后，均要及时进行清沟埋墒。

2. 密度

头茬适宜密度，约1万株/亩，行距为0.4mm左右，株距为0.17m左右；二茬适宜密度为4万～4.5万株/亩，过密必须进行人工间苗或机械疏苗，以控制密度而增强通风透光。

3. 除草

苗期气温较低，必须抓紧时机在封行前（苗高15～20cm）松土除草2～3次。松土时近植株浅松，行间可深些，雨后土壤板结应及时松土。此外，在收割前还应除一次杂草，以免收割时杂草混入，影响油的质量。

4. 施肥

留兰香生育期长达250余天，是一种需肥量较多的作物，除繁育前施足底肥以外，必须适当追肥2～3次。第一次清明前后，苗高7cm左右时，每亩用尿素4kg对水施于根部，以促进幼苗生长；第二次在5月上中旬，要氮磷并施，每亩用复合肥或硫酸铵8～10kg或饼肥25kg，离苗10cm开沟条施，以满足分枝添叶的需要；第三次在“芒种”前后，采取看苗施肥的方法，一般氮磷钾配合施用，每亩施30kg左右。

（五）病虫害防治

1. 病害

留兰香病害主要有锈病和白星病等。锈病危害茎叶，在连阴雨或过分干旱和缺肥情况下最易发生。初发病时，在植株中、下部叶片背面有黄褐色斑点突起，叶片正面出现相应的黄褐色斑点。重时，叶片背部的斑点密集，叶片黄萎翻卷，以致全株枯死。防治锈病在发病初期喷15%三唑酮1500倍液。白星病主要危害叶部，7—8月易发生。开始为暗褐色病斑，以后逐渐变灰色，上布黑色颗粒体。对于白星病，一旦发现病叶要及时摘除，在发病初期喷70%甲基托布津500倍液。

2. 虫害

留兰香主要虫害有蚜虫、菜青虫，防治蚜虫可用10%四季红1500倍液喷雾，防治菜青虫可用BT粉剂800倍液喷雾。

（六）采收

目前用于生产的留兰香主要有大叶和小叶2个品种。留兰香的成熟期（开花期）与品种特性和气候条件有关。因此，各地收割期的确定应因地制宜、灵活掌握。一般小叶留兰香的开花期较早，大叶留兰香较晚。通常是在初花期至盛花期进行收割，年收2次。

四十八、紫苏

紫苏（*Perilla frutescens*（L.）Britton），俗名桂荏、白苏、赤苏等，为唇形科紫苏属一年生草本植物，原产中国，在中国种植应用约有近2000年的历史，主要分布于印度、缅甸、日本、朝鲜、韩国、印度尼西亚和俄罗斯等国家。中国华北、华中、华南、西南及台湾省均有野生种和栽培种。具有特异的芳香，清香，味微辛。主要用于药用、油用、香料、食用等方面。花期8—11月，果期8—12月。紫苏是北京等地百姓家的常见盆景，既可观赏，又有香气，还可食用。

紫苏叶能散表寒，发汗力较强，用于风寒表症，见恶寒、发热、无汗等症，常配生姜同用。近代，紫苏因其特有的活性物质及营养成分，成为一种备受世界关注的多用途植物，经济价值很高。俄罗斯、日本、韩国、美国、加拿大等国对紫苏属植物进行了大量的商业性栽种，开发出了食用油、药品、腌渍品、化妆品等几十种紫苏产品。

（一）药用价值

性味：辛，温。

归经：归肺、脾经。

功效：发汗解表，理气宽中，解鱼蟹毒。

主治：用于风寒感冒，头痛，咳嗽，胸腹胀满，鱼蟹中毒。

《日华子本草》：补中益气，治心腹胀满，治霍乱转筋，开胃下食，并治一切冷气，止脚气，通大小肠。

《本草纲目》：紫苏，近世要药也。其味辛，入气分；其色紫，入血分。

《本草汇言》：紫苏，散寒气，清肺气，宽中气，安胎气，下结气，化痰气，乃治气之神药也。

（二）生长习性

紫苏适应性很强，对土壤要求不严，排水良好的沙质壤土、壤土、黏壤土均可栽培。在肥沃的土壤上栽培，生长良好。前茬作物以蔬菜为好。果树幼林下均能栽种。

（三）繁殖方法

紫苏用种子繁殖，分直播和育苗移栽。

1. 直播

春播，南北方播种时间差一个月，南方 3 月，北方 4 月中下旬。直播在畦内进行条播，按行距 60cm 开沟深 2～3cm，把种子均匀撒入沟内，播后覆薄土。穴播：行距 45cm，株距 25～30cm，浅覆土。播后立刻浇水，保持湿润，播种量每公顷 15～18kg，直播省工，生长快，采收早，产量高。

2. 育苗

在种子不足、水利条件不好、干旱地区采用此法。苗床应选择光照充足暖和的地方，施农家肥料，加适量的过磷酸钙或者草木灰。4 月上旬畦内浇透水，待水渗下后播种，覆浅土 2～3cm，保持床面湿润，一周左右即出苗。苗齐后间过密的苗子，经常浇水除草，苗高 3～4cm，长出 4 对叶子时即可移栽。

移栽时，随拔随栽。株距 30cm，开沟深 15cm，把苗排好，覆土，1～2 天后松土保墒。每公顷栽苗 15 万株左右。

（四）栽培技术

1. 选地整地

选择阳光充足、排水良好的疏松肥沃的沙质壤土、壤土，重黏土生长较差。整地把土壤耕翻 15cm 深，耙平。整细、做畦，畦和沟宽 200cm，沟深 15～20cm。

2. 松土

植株生长封垄前要勤除草，直播地区要注意间苗和除草，条播地苗高 15cm 时，按 30cm 定苗，多余的苗用来移栽。育苗田从定植至封垄，松土除草 2 次。

3. 温度管理

紫苏种子在地温 5℃以上时即可萌发，适宜的发芽温度 18～23℃。苗期可耐 1～2℃的低温。植株在较低的温度下生长缓慢。夏季生长旺盛。开花期适宜温度是 22～28℃，相对湿度 75%～80%。

4. 追肥

紫苏生长时间比较短，定植后 2 个半月即可收获全草，故以氮肥为主。在封垄前集中施肥。直播和育苗地，苗高 30cm 时追肥，在行间开沟每公顷施有机肥 15000～22500kg 或硫酸铵 100kg，过磷酸钙 150kg，结合培土把肥料埋好。第二次在封垄前再施一次肥，方法同上。但此次施肥注意不要碰到叶子。

5. 灌溉

播种或移栽后，数天不下雨，要及时浇水。雨季注意排水，疏通作业道，防止积水乱根和脱叶。

（五）病虫害防治

1. 斑枯病

从6月到收获都有发生，危害叶子。发病初期在叶面出现大小不同、形状不一的褐色或黑褐色小斑点，严重时病斑会合，叶片脱落。防治方法：从无病植株上采种；注意田间排水，及时清理沟道；避免种植过密；药剂防治：在发病初期开始，用80%可湿性代森锌800倍液，或者1∶1∶200比例的波尔多液喷雾。每隔7天喷1次，连喷2~3次。

2. 红蜘蛛

按常规方法进行防治。

3. 银纹夜蛾

7—9月幼虫危害紫苏，叶子被咬成孔洞或缺刻，老熟幼虫在植株上作薄丝茧化蛹。防治方法：用90%晶体敌百虫1000倍液喷雾。

（六）采收

采收紫苏要选择晴天收割，香气足，方便干燥。

1. 紫苏叶

用药应在7月下旬至8月上旬，紫苏未开花时进行。

2. 苏子梗

9月上旬开花前，花序刚长出时采收，用镰刀从根部割下，把植株倒挂在通风背阴的地方晾干，干后把叶子打下药用。

3. 苏子

9月下旬至10月中旬种子果实成熟时采收。割下果穗或全株，扎成小把，晒数天后，脱下种子晒干，每公顷产1125~1500kg。

四十九、鱼腥草

鱼腥草（*Houttuynia cordata* Thunb.），俗名狗心草、折耳根，为三白草科蕺菜属多年生植物，产于我国长江流域各省，著名中草药，有清热解毒、消肿疗疮、利尿除湿、清热止痢、健胃消食之功效，有抑制多种细菌的作用，具有“植物抗菌素”之称。夏季茎叶茂盛花穗多时采割，除去杂质，晒干备用。

（一）药用价值

性味：辛，微寒，微苦。

归经：归肺经。

功效：清热解毒、消肿疗疮、利尿除湿、清热止痢、健胃消食。

主治：治实热、热毒、湿邪、疾热为患的肺痈、疮疡肿毒、痔疮便血、脾胃积热等。

《名医别录》：主蠼螋溺疮。

《日华子本草》：淡竹筒内煨，敷恶疮白秃。

《履巉岩本草》：大治中暑伏热闷乱，不省人事。

《滇南本草》：治肺痈咳嗽带脓血，痰有腥臭，大肠热毒，疗痔疮。

《本草纲目》：散热毒痈肿，疮痔脱肛，断店疾，解硇毒。

《医林纂要》：行水，攻坚，去瘴，解暑。疗蛇虫毒，治脚气，溃痈疽，去瘀血。

陈念祖：生捣治呕血。

《分类草药性》：治五淋，消水肿，去食积，补虚弱，消膨胀。

《岭南采药录》：叶：敷恶毒大疮，能消毒；煎服能去湿热，治痢疾。

《现代实用中药》：生叶：烘热外贴，为发泡药，可治疮癣。凡疥癣肿胀，湿疹，腰痛等可作浴汤料。生嚼其根，防止冠心病的心绞痛发作。

《中国药植图鉴》：可作急救服毒的催吐剂。

《常用中草药手册》：消炎解毒，利尿消肿。治上呼吸道感染，肺脓疡，尿路炎症及其它部位化脓性炎症，毒蛇咬伤。

《常用中草药手册》：清热解毒。治乳腺炎，蜂窝织炎，中耳炎，肠炎。

（二）生长习性

生育期 5～10 个月，花期 4—8 月份。喜生于阴湿多水的环境，极耐水湿。阴性植物，怕强光，喜温暖潮湿环境，较耐寒，－15℃可越冬，不耐干旱，生长期要求保持土壤湿润，以肥沃的砂质土壤或腐殖质壤土生长最好。

（三）繁殖方法

鱼腥草主要利用地下茎进行无性繁殖。鱼腥草有白茎和红茎两种，红茎鱼腥草香味更浓。一般宜于冬季将其粗壮的地下茎挖起作为种苗，并将其埋入松土下越冬，待翌年春季萌芽后，再挖起并截成小段（每段具 2～3 个节），然后进行栽种。

（四）栽培技术

1. 选地整地

鱼腥草喜湿忌旱，除可利用边角地或荒地外，更宜选择排灌方便的旱地或水田种植。整地前先经犁耙，施入有机肥做底肥，栽前将 1500～2600kg 腐熟有机肥加适量草木灰（每亩）施入种植沟内作基肥，并与泥土充分拌匀，再覆上 3cm 厚的碎泥，待腐熟后（以免烂根），再翻整一次，并开成1.3～1.5m 宽的低畦，再横向挖好 15cm 宽、20cm 深的种植沟，沟间距约 25cm。

2. 栽种管理

“清明”前后栽种。每隔 6～8cm 放一根种苗，随即盖上 6～7cm 厚的碎泥，并酌情浇水。栽完后，注意保湿防旱。在基肥充足的情况下，一般可不必再追肥。必要时，也可在旺长期薄施一次粪水，以促进增产多收。日常管理的关键是保持土壤湿润，切勿受旱，否则，须根多、品质差。前期注意除草，封行后不用除草。在苗高 5cm 及封行前各施一次稀人粪尿。此外，在刚现花蕾时，宜及早摘除，并结合进行一次摘心，以抑制其徒长。鱼腥草病虫害极少，偶见根腐病，可用稀托布津溶液浇蔸。株高 10cm 以上时，要及时培土，使地下茎长而白嫩。

（五）病虫害防治

1. 病害

白绢病　主要危害鱼腥草近地面根茎部，病部表面产生大量绢丝状白色菌丝层。

叶斑病　发病初期，叶面出现不规则或圆形病斑，边缘紫红色，中间灰白色，上生浅灰色霉。后期严重时，几个病斑融合在一起，病斑中心有时穿孔，叶片局部或全部枯死。

茎腐病　茎部病斑长椭圆形或梭形，略呈水渍状，褐色至暗褐色，边缘颜色较深，有明显轮纹，上生小黑点。发病后期茎部腐烂枯死。

上述病害的防治方法为合理轮作，种茎消毒处理。药剂防治时白绢病用40%福星乳油6000倍液，43%菌力克悬浮剂8000倍液，45%特克多悬浮剂1000倍液，10%世高水分散粒剂8000倍液，50%敌菌灵可湿性粉剂400倍液喷浇病株根茎和邻近植株及土壤；叶斑病在发病初期，用50%甲基托布津800~1000倍液或70%代森锰锌400~600倍液喷雾，每隔15天喷1次，连续喷2~3次；茎腐病在发病初期，选用50%多菌灵可湿性粉剂或65%代森锌可湿性粉剂500~600倍液，70%甲基托布津可湿性粉剂800倍液喷雾，每隔7天喷1次，连续喷2~3次。

2. 虫害

主要是螨类（红蜘蛛）危害，按常规方法进行防治。

（六）采收

当地下茎达30cm以上时可采挖，去叶，洗净出售。

留种时，在采挖时可留下细小的地下茎末梢，在地里让其自然萌芽。也可选取粗壮的地下茎假植，供种用。

五十、蒲公英

蒲公英（*Taraxacum mongolicum* Hand. – Mazz.），俗名华花郎、蒲公草、黄花地丁、尿床草、婆婆丁，为菊科蒲公英属多年生草本植物，分布区域为中国、朝鲜、蒙古、俄罗斯。在我国主要分布在江苏、湖北、河南、安徽、浙江、黑龙江、吉林、辽宁、内蒙古、河北、山西、陕西、甘肃、青海、山东、福建北部、台湾、湖南、广东北部、四川、贵州、云南等地区。根圆锥状，头状花序，总苞钟状，瘦果暗褐色，长冠毛白色，花果期4—10月，花开后随风飘到新的地方孕育新生命。为有名中草药，有利尿、缓泻、退黄疸、利胆等功效，亦具有抑制多种细菌的作用，国内已成功研制用蒲公英制成多种中成药。

（一）药用价值

性味：苦甘，寒。

归经：入肝、胃经。

功效：清热解毒，利尿散结。

主治：治急性乳腺炎，淋巴腺炎，瘰疬，疔毒疮肿，急性结膜炎，感冒发热，急性扁桃体炎，急性支气管炎，胃炎，肝炎，胆囊炎，尿路感染。

《唐本草》：主妇人乳痈肿。

《本草图经》：敷疮，又治恶刺及狐尿刺。

《本草衍义补遗》：化热毒，消恶肿结核，解食毒，散滞气。

《滇南本草》：敷诸疮肿毒，疥癞癣疮；祛风，消诸疮毒，散瘰疬结核；止小便血，治五淋癃闭，利膀胱。

《本草纲目》：乌须发，壮筋骨。

《医林纂要》：补脾和胃，泻火，通乳汁，治噎膈。

《纲目拾遗》：疗一切毒虫蛇伤。

《随息居饮食谱》：清肺，利嗽化痰，散结消痈，养阴凉血，舒筋固齿，通乳益精。

《岭南采药录》：炙脆存性，酒送服，疗胃脘痛。

《山东中药》：为解毒、消炎、清热药。治黄疸，目赤，小便不利，大便秘结。

广州部队《常用中草药手册》：清热解毒，凉血利尿，催乳。治疔疮，皮肤溃疡，眼疾肿痛，消化不良，便秘，蛇虫咬伤，尿路感染。

《上海常用中草药》：清热解毒，利尿，缓泻。治感冒发热，扁桃体炎，急性咽喉炎，急性支气管爽，流火，淋巴腺炎，风火赤眼，胃炎，肝炎，骨髓炎。

（二）生长习性

野生，适应性极强，广泛生于中、低海拔地区的山坡草地、路边、田野、河滩。近年来已有人工栽培。

（三）繁殖方法

种子繁殖，亦可用根栽植。

（四）栽培技术

1. 种子准备

蒲公英是多年生宿根性植物，野生条件下二年生植株就能开花结籽，初夏为开花期，开花数随生长年限而增多，有的单株开花数达 20 个以上，优良品种单株开花数量可高达 20 个以上，开花后经 13 ~ 15 天种子即成熟。一般每个头状花序种子数都在 100 粒以上。大叶型蒲公英种子千粒重为 2g 左右，小叶型蒲公英种子千粒重为 0. 8 ~1. 2g。

采种时可将蒲公英的花盘摘下，放在室内存放后熟 1 天，待花盘全部散开，再阴干 1 ~2 天至种子半干时，用手搓掉种子尖端的绒毛，然后晒干种子备用。

在蒲公英野生资源丰富的地方，也可直接挖取野生蒲公英的根用于栽培。通常在 10 月份，挖根后集中栽培于大棚中，株行距 8cm ×3cm，栽后浇足水，至次年 2 月即可萌发新叶，这时再施一次有机肥，生长到一定程度即可采叶上市。

2. 整地施肥

选疏松肥沃、排水良好的砂质壤土种植。每亩施有机肥 2000 ~3500kg，混合过磷酸钙 15kg，均匀地撒到地面上。深翻地 20 ~25cm，整平耙细，做平畦宽 1. 2m、长 10m、起 20cm 高小垄。

3. 播种

根据场地需求，冬季也可在温室内播种，露地直播采用条播。

在畦面上按行距 25 ~ 30cm 开浅横沟，播幅约 10cm，种子播下后覆土 1cm，然后稍加镇压。播种量每亩 0.5 ~ 0.75kg。平畦撒播，播种后盖草保温，出苗时揭去盖草，约 6d 可以出苗。

4. 田间管理

（1）播种当年的田间管理　出苗前，保持土壤湿润。如果出苗前土壤干旱，可在播种畦的畦面先稀疏散盖一些麦秸或茅草；然后轻浇水，待苗出齐后用杈子扒去盖草；出苗后应适当控制水分，使幼苗茁壮生长，防止徒长和倒伏；在叶片迅速生长期，要保持田间湿润，以促进叶片旺盛生长；冬前浇 1 次透水，然后覆盖马粪或麦秸等，利于越冬。

（2）中耕除草　当蒲公英出苗 10 天左右可进行第 1 次中耕除草，以后每 10 天左右中耕除草 1 次，直到封垄为止；做到田间无杂草。封垄后可人工拔草。

（3）间苗、定苗　结合中耕除草进行间苗定苗。出苗 10 天左右进行间苗，株距 3 ~ 5cm，经 20 ~ 30 天即可进行定苗，株距 8 ~ 10cm，撒播者株距 5cm 即可。

（4）肥水管理　蒲公英虽然对土壤条件要求不严格，但是它还是喜欢肥沃、湿润、疏松、有机质含量高的土壤。所以在种植蒲公英时，每亩施 2000 ~ 3500kg 农家肥作底肥，每亩还须施 17 ~ 20kg 硝酸铵作种肥。播种后，如果土表没有覆盖，就应经常浇水，保持土壤湿润，以保证全苗。出苗后，也要始终保持土壤有适当的水分。

生长期间追 1 ~ 2 次肥。并经常浇水，保持土壤湿润，以保证全苗及出苗后生长所需。播种当年的幼嫩植株可以不采叶，等到第 2 年才开始采收，此时植株品质好，产量高。秋播者入冬后，在畦面上每亩撒施有机肥 2500kg、过磷酸钙 20kg，既起到施肥作用，又可以保护根系安全越冬。翌春返青后可结合浇水施用化肥（每亩施尿素 10 ~ 15kg、过磷酸钙 8kg）。为提早上市，早春可采用小拱棚覆盖。秋末冬初，应浇 1 次透水，然后在畦面覆盖马粪或麦秸等，以利根株越冬和翌年春季较早萌发新株。

（五）病虫害防治

病害主要有叶斑病，叶面初生针尖大小褪绿色至浅褐色小斑点，后扩展成圆形至椭圆形或不规则状，中心暗灰色至褐色；斑枯病：初于下部叶片上出现褐色小斑点，后扩展成黑褐色圆形或近圆形至不规则形斑；锈病，主要危害叶片和茎。上述三种病害的防治方法是：注意田间卫生，结合采摘收集病残体携出田外烧毁；清沟排水，避免偏施氮肥；发病初期开始喷洒42%福星乳油8000倍液，或20.67%万兴乳油2000～30000倍液，或50%扑海因可湿性粉剂1500倍液，每10～15天喷1次，连续防治2～3次。采收前7天停止用药。

（六）采收

蒲公英可在幼苗期分批采摘外层大叶供食，或用刀割取心叶以外的叶片食用。每隔15～20天割1次。也可一次性割取整株上市。一般每亩地每次收割可产700～800kg。

采收时可用钩刀或小刀挑挖，沿地表1～1.5 cm处平行下刀，保留地下根部，以长新芽。先挑大株收，留下中、小株继续生长；也可像东北地区的一些地方掰收芹菜叶那样采收，但叶片是分散的，不成叶束。单位面积产量：露地栽培，平均每平方米产0.8～1.0kg；大棚栽培，平均每平方米产1.2～1.7kg；温室栽培，平均每平方米产1.5～2.4kg。

蒲公英作为中药材用时可在晚秋时节采挖带根的全草，去泥晒干以备药用。

五十一、薄荷

薄荷（*Mentha haplocalyx* Briq.），俗名银丹草、野薄荷、夜息香，为唇形科薄荷属多年生植物。薄荷广泛分布于北半球的温带地区，在中国，薄荷产南北各地，主要以江苏、安徽两省产量最大，热带亚洲、俄罗斯远东地区、朝鲜，日本及北美洲也有分布。薄荷是一种有特种经济价值的芳香作物。全株青气芳香。叶对生，花小淡紫色，唇形，花后结暗紫棕色的小粒果。

薄荷是中华常用中药之一。它是辛凉性发汗解热药，治流行性感冒、头疼、目赤、身热、咽喉、牙床肿痛等症。温室采摘的薄荷又是餐桌上的鲜菜，清爽可口。平常以薄荷代茶，清心明目。

当今，薄荷已进入居民家庭，或庭院种植，或作为盆景进入室内。

（一）药用价值

性味：辛，凉。

归经：入肺、肝经。

功效：疏风，散热，辟秽，解毒。

主治：治外感风热，头痛，目赤，咽喉肿痛，食滞气胀，口疮，牙痛，疮疥，瘾疹。

《药性论》：去愤气，发毒汗，破血止痢，通利关节。

《千金．食治》：却肾气，令人口气香洁。主辟邪毒，除劳弊。

孙思邈：煎汤洗漆疮。

《唐本草》：主贼风，发汗。（治）恶气腹胀满。霍乱。宿食不消，下气。

《食疗本草》：杵汁服，去心脏风热。

《食性本草》：能引诸药入营卫。疗阴阳毒、伤寒头痛。

《日华子本草》：治中风失音，吐痰。除贼风。疗心腹胀。下气、消宿食及头风等。

《本草图经》：治伤风、头脑风，通关格，小儿风涎。

《本草衍义》：小儿惊风，壮热，须此引药；治骨蒸劳热，用其汁与众药为膏。

李杲：主清利头目。

王好古：能搜肝气。又主肺盛有余，肩背痛及风寒汗出。

《滇南本草》：治一切伤寒头疼，霍乱吐泻，痈、疽、疥、癞诸疮。又：野薄荷上清头目诸风，止头痛、眩晕、发热，去风痰，治伤风咳嗽、脑漏鼻流臭涕，退虚痨发热。

《本草纲目》：利咽喉、口齿诸病。治瘰疬，疮疥，风瘙瘾疹。

《本草述》：治中风，癫痫，伤燥热郁。

《医林纂要》：愈牙痛，已热嗽，解郁暑，止烦渴，止血痢，通小便。

《本草再新》：消目翳。

（二）生长习性

薄荷对环境条件适应能力较强，在海拔2100m以下地区可生长，生于水旁潮湿地，海拔可高达3500m。

1. 温度

薄荷对温度适应能力较强，其根茎宿存越冬，能耐-15℃低温。其生长最适宜温度为25~30℃。气温低于15℃时生长缓慢，高于20℃时生长加快。在20~30℃时，只要水肥适宜，温度越高生长越快。

2. 光照

薄荷为长日照作物，性喜阳光。日照长，可促进薄荷开花，且利于薄荷油、薄荷脑的积累。

3. 土壤

薄荷对土壤的要求不十分严格，除过砂、过黏、酸碱度过重以及低洼排水不良的土壤外，一般土壤均能种植，以砂质壤土、冲积土为好。土壤酸碱度以pH 6.0~7.5为宜。

（三）繁殖方法

薄荷栽种方式有根茎栽植、分株栽植和扦插繁殖三种。

（四）栽培技术

1. 选地整地

选择有排灌条件的、光照充足的塘边、屋边、水渠边等零散土地，土质肥沃，地势平坦为好。每公顷37500~45000kg，耙细，浅锄一遍，把肥料翻入土中，碎土，耙平做畦宽200cm。

2. 育苗繁殖

（1）根茎繁殖　培育种根于4月下旬或8月下旬进行。在田间选择生长健壮、无病虫害的植株作母株，按株行距20cm×10cm种植。在初冬收割地上茎叶后，根茎留在原地作为种株。

（2）分株繁殖　薄荷幼苗高15cm左右，应间苗、补苗。利用间出的幼苗分株移栽。

（3）扦插繁殖　5—6月份，将地上茎枝切成10cm长的插条，在整好的苗床上，按行株距7cm×3cm进行扦插育苗，待生根、发芽后移植到大田培育。

3. 移栽

薄荷在第二年早春尚未萌发之前移栽，早栽早发芽，生长期长，产量高。栽时挖起根茎，选择粗壮、节间短、无病害的根茎作种根，截成7～10cm长的小段，然后在整好的畦面上按行距25cm，开10cm深的沟。将种根按10cm株距斜摆在沟内盖细土、踩实、浇水。

4. 田间管理

（1）查苗补栽　田间基本全苗后，应及时查苗，对缺苗或苗稀的点、片要进行补栽。

（2）中耕除草　全苗后，行间中耕除草，株间人工除草，以保墒、增（地）温、消灭杂草、促苗生长。封行前中耕除草2～3次。收割前拔净田间杂草，以防其他杂草的气味影响薄荷油的质量。

（3）摘心打顶　5月份当植株旺盛生长时，要及时摘去顶芽，促进侧枝茎叶生长，有利增产。

（4）适时追肥　在苗高10～15cm时开沟追肥，每亩施尿素10kg，封行后每亩喷施5ml喷施宝+磷酸二氢钾150g+尿素150g两次。

（5）科学浇水　薄荷前中期需水较多，特别是生长初期，根系尚未形成，需水较多，一般15天左右浇一次水，从出苗到收割要浇4～5次水。封行后应适量轻浇，以免茎叶疯长，发生倒伏，造成下部叶片脱落，降低产量。收割前20～25天停水。

（五）病虫害防治

1. 病害防治

薄荷主要病害是黑胫病，发生于苗期，症状是茎基部收缩凹陷，变黑、腐烂，植株倒伏、枯萎。防治上可在发病期间每亩用70%的百菌清或40%多菌灵100～150g，兑水喷洒。

锈病，5—7 月易发，用 25% 粉锈宁 1000～1500 倍液叶片喷雾。

斑枯病，5—10 月发生，发病初期喷施 65% 的代森锌 500 倍液，每周一次即可控制。

2. 虫害防治

薄荷主要害虫有造桥虫，危害期在 6 月中旬左右、8 月下旬左右。一般虫口密度达 10 头/m^2，每亩可用敌杀死 15～20mL，喷洒 1～2 次，或用 80% 敌敌畏 1000 倍喷洒。

（六）采收

薄荷的收获期和产量的多少有密切的关系。薄荷一般情况下有些地区一年收 2 次，少数的一年收 3 次。7 月份的采收绝对的不能晚于大暑的时间，否则会影响薄荷的产量。在薄荷的初花期，一般的花开 3～5 轮时就要进行收割，而收割的最佳时间最好是选晴天上午 10 点到下午 3 点。

五十二、桔梗

桔梗（*Platycodon grandiflorus*（Jacq.）A. DC.），俗名包袱花、铃铛花、僧帽花，是桔梗科桔梗属多年生草本植物，分布于中国、朝鲜半岛、日本和西伯利亚东部，国内产东北、华北、华东、华中各省以及广东、广西北部、贵州、云南东南部、四川、陕西。花暗蓝色或暗紫白色，可作观赏花卉，花期7～9月。中医常用药，其根入药，有止咳祛痰、宣肺、排脓等作用，在中国东北地区常被腌制为咸菜，在朝鲜半岛被用来制作泡菜，还可制作盆景置于厅堂之上。

（一）药用价值

性味：味苦、辛，性平。

归经：归肺经。

功效：宣肺、利咽、祛痰、排脓。

主治：治外感咳嗽，咽喉肿痛，肺痈吐脓，胸满胁痛，痢疾腹痛。

《本经》：主胸胁痛如刀刺，腹满，肠鸣幽幽，惊恐悸气。

《名医别录》：利五脏肠胃，补血气，除寒热、风痹，温中消谷，疗喉咽痛。

《药性论》：治下痢，破血，去积气，消积聚，痰涎，主肺热气促嗽逆，除腹中冷痛，主中恶及小儿惊痫。

《日华子本草》：下一切气，止霍乱转筋，心腹胀痛，补五劳，养气，除邪辟温，补虚消痰，破症瘕，养血排脓，补内漏及喉痹。

《本草衍义》：治肺痈。

《珍珠囊》：疗咽喉痛，利肺气，治鼻塞。

李杲：利胸膈，（治）咽喉气壅及痛，破滞气及积块，（除）肺部风热，清利头目，利窍。

《本草纲目》：主口舌生疮，赤目肿痛。

《中药形性经验鉴别法》：催乳。

（二）生长习性

喜凉爽气候，耐寒、喜阳光。宜栽培在海拔1100m以下的丘陵地带，以富含磷钾肥的中性夹沙土生长较好。种子寿命为1年，在低温下贮藏，能延长种子寿命。0～4℃干贮种子18个月，其发芽率比常温贮藏提高3.5～4倍。种子发芽率70%，在温度18～25℃，有足够湿度，播种后15d出苗。

（三）繁殖方法

种子繁殖。选用高产的植株留种，留种株于8月下旬要打除侧枝上的花序，使营养集中供给上中部果实的发育，促使种子饱满，提高种子质量。蒴果变黄时割下全株，放通风干燥处后熟，然后晒干脱粒，待用。通常采用直播，也可育苗移栽，直播产量高于移栽，且叉根少、质量好。

（四）栽培技术

1. 选种

桔梗种子应选择2年生以上非陈积的种子（种子陈积一年，发芽率要降低70%以上），种植前要进行发芽试验，保证种子发芽率在70%以上。

2. 选地

桔梗适宜生长在较疏松的土壤中，尤喜坡地和山地，以半阴半阳的地势为最佳，平地栽培要有良好的排水条件。桔梗不宜连作。

3. 整地

桔梗有较长的肉质根，因此最好是垄上栽培。于早春（4月中下旬）撒上农家肥将地翻耕耙细整平（深翻30cm）。做垄时，先在地上隔2m打上格线，开沟，然后将沟里的土向两边分撩，做成垄宽1.7m、沟宽30 cm左右的垄床，如遇旱，可沿沟灌溉，以备播种。

4. 播种

桔梗可春播也可夏播。春播宜用温烫浸种，待种子萌动时即可播种，将种子均匀播于沟内。因种子细小，播时可用细砂和种子拌匀后播种，播后盖土或火灰，干旱地区播后要浇水保湿。每亩用种量500～750g。

5. 田间管理

出苗期间要注意松土除草，当苗高约2cm时进行间苗，按株距5cm留壮苗，苗稀或断条的地方应于阴天补苗。后施稀人畜粪水，施后盖上，再追施一次并培土，防止倒伏。此外，还要经常松土除草，天旱要及时浇水。一般于播后秋末或早春萌芽前收获。

另外桔梗花期较长，要消耗大量养分，影响根部生长，除留种田外要及时疏花疏果以提高根的产量和质量。

（五）病虫害防治

1. 根腐病

危害根部，受害根部出现黑褐斑点，后期腐烂至全株枯死。防治方法：用多菌灵1000倍液浇灌病区；雨后注意排水，田间不宜过湿。

2. 白粉病

主要危害叶片。发病时，病叶上布满灰粉末，严重至全株枯萎。防治方法：发病初用0.3°Be石硫合剂或白粉净500倍液喷施或用20%的粉锈宁粉1800倍液喷洒。

3. 根线虫病

受危害时，根部有病状突起，地上茎叶早枯。防治方法：施入1500kg/10000m^{2}茶籽饼肥作基肥，可减轻危害，播前用石灰氮进行土壤消毒。

4. 紫纹羽病

9月中旬危害严重，10月根腐烂。受初期病害，根部变红，密布网状红褐色菌丝，后期形成绿豆大小紫色菌核，茎叶枯萎死亡。防治方法：切忌连作，实行轮作倒茬；拔除病株烧毁，病穴灌5%石灰水消毒。

5. 炭疽病

7~8月高温高湿时易发病，蔓延迅速，植株成片倒伏死亡，主要危害茎秆基部，初期茎基部出现褐色斑点，逐渐扩大至茎秆四周，后期病部收缩，植株倒伏。防治方法：在幼苗出土前用20%退菌特可湿性粉剂500倍液喷雾预防，发病初期喷1:1:100比例的波尔多液或50%甲基托布津可湿性粉剂800倍液，每10天喷1次，连续喷3~4次。

6. 轮纹病和斑枯病

危害叶片。发病初期喷1:1:100比例的波尔多液或50%多菌灵可湿性粉剂1000倍液，连续喷2~3次。

7. 拟地甲

危害桔梗根部，可在3—4月成虫交尾期与5—6月幼虫期，用90%敌百虫800倍液或50%辛硫磷乳油1000倍液喷杀。

（六）采收

直播的桔梗种植2~3年，移栽苗种植当年可以采收，于秋季植株枯萎后和春季萌动前采收。采收过早，根部营养物积累尚不充分，折干率低；过迟收获不易刮皮。采收时把根挖起，抖去泥土，除去茎叶。

五十三、马兜铃

马兜铃（*Aristolochia debilis* Sieb. & Zucc.），俗名水马香果、蛇参果、三角草、秋木香罐，中文名因其成熟果实如挂于马颈下的响铃而得。马兜铃为马兜铃科马兜铃属多年生的缠绕性草本植物，分布于中国黄河以南至长江流域以南各省区以及山东（蒙山）、河南（伏牛山）等；广东、广西常有栽培。日本亦有分布。其根、茎、果实都称马兜铃，马兜铃有清肺降气、止咳平喘、清肠消痔的功效，其茎称天仙藤，有理气、祛湿、活血止痛的功效，其根称青木香，有行气止痛、解毒消肿的功效。

花期 7—8 月，果期 9—10 月。

（一）药用价值

性味：苦，微寒。

归经：归肺、大肠经。

功能：清肺降气，止咳平喘，清肠消痔。

主治：用于肺热喘咳，痰中带血，肠热痔血，痔疮肿痛。

《药性论》：主肺气上急，坐息不得，咳逆连连不可。

《日华子本草》：治痔瘘疮，以药于瓶中，烧熏病处。

《开宝本草》：主肺热咳嗽，痰结喘促，血痔瘘疮。

《珍珠囊》：利小便。主肺热，安肺气，补肺。

《本草求原》：治肺中湿热，声音不清，痰喘咳嗽。小儿麻疹内陷，喘满声暗，宜加用之。

《现代实用中药》：治咯血。

（二）生长习性

原野生于海拔 200～1500m 的山谷、沟边、路旁阴湿处及山坡灌丛中。喜光，稍耐阴，喜砂质黄壤，耐寒。适应性强。

（三）繁殖方法

种子繁殖。当果实由绿变黄色时分批采摘，过晚果实开裂。种子不耐干藏，采收后应立即播种或将种子埋于湿沙中，放阴凉处保存。若于晚秋或翌年春取出播种，种子发芽不整齐，在10～20℃变温条件下发芽率高。也可在收获后用赤霉素浸种1d后放温室沙藏。春播宜3月下旬至4月上旬，直播与育苗均可。

（四）栽培技术

1. 选地、整地

育苗地，宜选择土壤肥沃、疏松、排水良好的沙壤土并有水源的地方。苗床耕翻后，每公顷施入腐熟厩肥或堆肥75000kg作基肥，然后整平细耙，做1.2m宽的畦面。

栽植地，宜选富含腐殖质的壤土，于前作收获后耕翻1次，深30cm左右，结合整地，每公顷施入土杂肥或堆肥45000kg作基肥。并于栽前耕翻1遍，整平耙细，做宽1.2m的畦面，四周整好排水沟待栽。

2. 育苗

在苗床上开条沟，行距25cm，沟深3～6cm，播幅10cm，将种子播下，覆土轻压，加盖稻草，以保持苗床湿润，出苗后除去覆盖物，10000m^2用种子15～22.5kg。至次年4月，按行株距40cm×30cm开穴定植。直播用穴播或条播法。当苗高5cm时，结合松土除草进行间苗，去弱留强。当苗高10cm时，按株距3～5cm定苗。苗高15～20cm，即可出圃定植。

3. 移栽

于冬季封冻前，按行株距35cm×25cm挖好深20cm的栽植穴，每穴施入土杂肥10kg作基肥，用细土填至满穴，并高出地面10cm。待翌年春季3～4月上旬，扒开栽植穴，将培育好的幼苗栽入穴内，每穴1株，栽后浇足浇透定根水。

4. 施肥

幼苗期需适当灌水，施氮肥1次，定植后至开花期，追施氮肥2次，8月中、下旬开花时增施磷、钾肥。

5. 松土除草

苗期要勤松土除草。一般在苗高5cm时，中耕除草1次，宜浅，避免伤根。以后结合追肥再中耕除草3～4次，防止草荒。

6. 搭架

马兜铃为蔓生草本，移栽后苗高30cm时，要及时搭架。在行间用竹竿设立支柱，中间拉绳子，高1.8～2m，牵引茎蔓攀援生长。

7. 修剪、培土

5—6月植株进入旺盛生长时，把生长过旺而又无花芽的茎蔓剪除，以减少养分的消耗。10月采收果实后，将茎蔓全部割除，并除净田间杂草，进行冬前培土、追肥，以利保温越冬，为翌年丰产打下基础。

8. 浇水

马兜铃耐旱怕涝，一般不需浇水。但生长期过于干旱时要适当浇水，雨季要及时排水，以免烂根。

（五）病虫害防治

1. 根腐病

多发病于7、8月份，根部腐烂后，植株死亡。防治方法：拔除病株烧毁；用退菌特50%可湿性粉剂1000倍液喷穴。

2. 叶斑病

多发生在雨季，叶片上易发生斑点。注意清理排水沟，积水及时排除，用1∶1∶150比例的波尔多液喷射。

3. 马兜铃凤蝶

幼虫蛀食叶片，形成缺刻，多发生在7—8月份。防治方法：打扫田间卫生，冬季清园，处理残株。幼龄期喷青虫菌（100亿孢子/g）500倍液。

（六）采收

9—10月份采摘，晒干。

五十四、使君子

使君子（*Quisqualis indica* L.），俗名留求子、史君子、五梭子、索子果、冬均子，为使君子科使君子属攀援状灌木，分布于中国、印度、缅甸至菲律宾等地，国内产自四川、贵州至南岭以南各处，长江中下游以北无野生记录。主产福建、台湾、江西南部、湖南、广东、广西、四川、云南、贵州。种子为中药中最有效的驱蛔药之一，对小儿寄生蛔虫症疗效尤著。生长于山坡、路旁、平地、灌木丛中，花期初夏，果期秋末。

（一）药用价值

性味：性温，有毒，味甘。

归经：归入脾、胃经。

功效：杀虫，消积，健脾。

主治：蛔虫腹痛，小儿疳积，乳食停滞，腹胀，泻痢。

《本草纲目》：忌饮热茶，犯之即泻。

《本草经疏》：忌食热物。

《本草汇言》：脾胃虚寒之子，又不宜多用，多食则发呃。苟无虫积，服之必致损人。

《岭南采药录》：使君子，生食太多，令人发呃逆，儿童多食，有呃逆至一日夜不止者，惟用其壳煎水饮之，即止。

《开宝本草》：主小儿五疳，小便白浊，疗泻痢。

《本草正》：使君子，凡小儿食此，亦不宜频而多，大约性滑。

《本草纲目》：健脾胃，除虚热。治小儿百病疮癣。

（二）生长习性

喜温暖潮湿气候，不耐寒，怕霜冻，耐荫蔽。宜选向阳避风、土层深厚、中等肥力、黄色或黑色的沙壤土栽培。

（三）繁殖方法

用种子、分株、扦插和压条繁殖。

1. 种子育苗移栽

于秋季采成熟饱满果实，随采随播，或混湿沙贮藏春播。实生苗高30cm左右即可定植。

2. 分株繁殖

于3月份，取健壮母株的萌蘖移栽。

3. 扦插繁殖

有枝插法和根插法。枝插法，2—3月或9—10月，剪取1~2年生健壮枝条作插条，插条长20~25cm，斜插于苗床上，于次年移植。根插法，12月至次年1—2月，将距离主根30cm以外的部分侧根切断挖出，选径粗1cm以上的剪成长约20cm的插条，扦插于苗床，1年后移植。

4. 压条繁殖

2—3月先健壮长枝，弯曲埋入土中，或波状压条，生根后截取移植。

以上方法繁殖的种苗，在2月中、下旬或雨季定植。行株距3.3m×2.3m，穴中施厩肥，与土混匀，每穴栽苗1株，栽后浇水定根。

（四）栽培技术

定植后1~2年，经常中耕除草，每年追肥2~3次。进入结果期后，后年于萌芽时及采果后各追肥1次。冬季要注意培土或覆盖杂草于基部防寒。每年早春或采果后修剪1次，使枝条分布均匀。成片栽种的应搭棚供其攀援。

（五）病虫害防治

病害有立枯病，在苗期易发生。播种前苗床用70%五氯硝基苯粉剂消毒土壤；发病初期用1∶1∶140比例的波尔多液喷雾防治。虫害有褐天牛，咬食树干造成枯枝或全株死亡。发生期可用棉花蘸浸敌敌畏200倍液，塞虫孔毒杀幼虫。诃子瘤蚜，用90%敌百虫800倍液喷杀。

（六）采收

栽后3年开始结果。8月以后，当果壳由绿色变棕褐或黑褐色时采收。用竹竿击落果实，晒干或烘干。

五十五、蛇床子

蛇床子（*Clinopodium megalanthum*（Diels）C. Y. Wu & Hsuan ex H. W. Li），俗名野茴香、秃子花、野胡萝卜子，为伞形科蛇床属多年生植物蛇床的干燥成熟果实，全国大部分地区均有分布，主产河北、山东、江苏、浙江等地，此外，广西、四川、陕西、山西亦产。花期7—9月，果期8—11月。

（一）药用价值

性味：性温，味苦。

归经：归肾经。

功效：温肾壮阳，燥湿，祛风，杀虫。

主治：用于阳痿、宫冷、寒湿带下、湿痹腰痛；外治外阴湿疹、妇人阴痒。

《本经》：主妇人阴中肿痛，男子阳痿、湿痒，除痹气，利关节，癫痫，恶创。

《名医别录》：温中下气，令妇人子脏热，男子阴强，好颜色，令人有子。

《药性论》：治男子、女人虚，湿痹，毒风，顽痛，去男子腰疼。浴男子阴，去风冷，大益阳事。主大风身痒，煎汤浴之瘥。疗齿痛及小儿惊痫。

《日华子本草》：治暴冷，暖丈夫阳气，助女人阴气，扑损瘀血，腰胯疼，阴汗湿癣，肢顽痹，赤白带下，缩小便。

《生草药性备要》：敷疮止痒，洗螆癞。

《长沙药解》：吹聍耳。

（二）生长习性

生于山坡、草地、路旁、灌丛中及林下，海拔1300～3200m，耐寒耐旱，对土壤要求不高，适应性强。

（三）繁殖方法

种子繁殖。

（四）栽培技术

春夏冬可播。

1. 种子处理

种前先将种子用水浸泡12h，用2倍体积湿沙拌匀，2~3天后再播种，处理期间注意搅拌，保持温度和湿度上下一致。冬播不需处理种子。

2. 选地施肥

选地势平坦、疏松肥沃、富含有机质的田块，精耕细作。结合整地，施足基肥：每亩施土杂肥3000kg，尿素20kg，磷钾肥50kg。然后做畦，疏通排水沟，等待播种。

3. 播种

不论在哪个季节播种，先将地整平浇水，待畦干度适宜后用铁耙镂平浮土，按行距24cm，开1~2 cm浅沟，将种子均匀撒播在沟里，而后搂平浇水，一般7~10天即可出苗。生长期如果干旱可适时浇水。

4. 田间管理

蛇床子齐苗后，应注意中耕除草，干旱天气立即浇水，阴雨天气，及时排水。蛇床子现蕾后，应追肥一次：每亩追施尿素5kg，磷酸二氢钾5kg。

（五）病虫害防治

蛇床子主要病害有叶斑病，可于发病初期用40%多菌灵500倍液喷雾防治。每星期一次，连喷3次。白粉病可于发病初期用粉锈宁防治。害虫主要有花纹青虫咬食叶片，或裹粘虫吃食花蕾，可用辛硫酸和杀灭菊酯杀灭。

（六）采收

蛇床子一般于6—7月采收。待其种子90%成熟时，用镰将上部种枝割掉，晒干，脱粒，扬净杂质，即可入药出售。以色黄、粒饱、香浓者为佳品。每亩产量200kg。

五十六、延胡索

延胡索（*Corydalis yanhusuo* W. T. Wang ex Z. Y. Su & C. Y. Wu），俗名延胡、玄胡索、元胡索、元胡等，是罂粟科紫堇属多年生草本植物，分布于安徽、浙江、江苏、湖北等地，有的地区有引种栽培（陕、甘、川、滇和北京）。块茎球形，花瓣紫红色；蒴果圆柱形，两端渐狭。夏季开花。块茎为著名的常用中药，含20多种生物碱，用于行气止痛、活血散瘀、跌打损伤等。

（一）药用价值

性味：辛；苦；温；无毒。

归经：肝；胃；心；肺；脾经。

功效：活血；散瘀；理气；止痛。

主治：主心腹腰膝诸痛；月经不调；症瘕；崩中；产后血晕；恶露不尽；跌打损伤。

《雷公炮炙论》：治心痛欲死。

《日华子本草》：除风，治气，暖腰膝，破症癖，扑损瘀血，落胎，及暴腰痛。

《开宝本草》：主破血，产后诸病，因血所为者。妇人月经不调，腹中结块，崩中淋露，产后血运，暴血冲上，因损下血，或酒摩及煮服。

《医学启源》：治脾胃气结滞不散，主虚劳冷泻，心腹痛，下气消食。

《本草纲目》：活血，利气，止痛，通小便。延胡索，能行血中气滞，气中血滞，故专治一身上下诸痛，用之中的，妙不可言。

《海药本草》：延胡索，主肾气，破产后恶露及儿枕，与三棱、鳖甲、大黄为散，能散气，通经络。蛀蚛成末者，使之惟良，偏生产后病也。

《本草经疏》：延胡索，温则能和畅，和畅则气行；辛则能润而走散，走散则血活。血活气行，故能主破血及产后诸病因血所为者。妇人月经之所以不调者，无他，气血不和，因而凝滞，则不能以时至，而多后期之证也。腹中结块，产后血晕，暴血冲上，因损下血等证，皆须气血和而后愈，故悉主之也。崩中淋露，利守不利走，此则非与补气血药同用，未见其可。

《本草汇言》：玄胡索，凡用之行血，酒制则行；用之上血，醋制则止；用之破血，非生用不可；用之调血，非炒用不神。随病制宜，应用无穷者也。

《本草求真》：延胡索，不论是血是气，积而不散者，服此力能通达，以其性温，则于气血能行能畅，味辛则于气血能润能散，所以理一身上下诸痛，往往独行功多。然此既无益气之情，复少养营之义，徒仗辛温攻凝逐滞，虚人当兼补药同用，否则徒损无益。

（二）生长习性

生丘陵草地，喜温暖湿润的气候。宜选用排水良好、肥沃疏松、富有腐殖质的砂质壤土栽培。

（三）繁殖方法

种子繁殖。

（四）栽培技术

1. 整地

秋分前将土地翻耕细耙 3～4 次，施腐熟堆肥或厩肥作基肥，50t/10000m^2，做畦，宽 1.3m，高 30cm。深翻 25cm。整平耙细床面，四周开宽 30cm 的排水沟，以利排水。

2. 播种

江南地区宜在 9 月下旬至 10 月上旬播种，因延胡索地上部分生长期短（仅 80 天左右），下种宜早不宜迟。播种时采用宽畦条播，按行距 8～10cm，开深 5cm 的浅沟，播幅宽 6cm，按株距 5～6cm 将种茎 2 行错开排列于沟内。芽头向上，栽后施肥，再盖细土。第 1 行种好后，再开第 2 行播种沟，将种沟内挖出的土盖在第 1 行的肥料上，厚约 5cm。依次边开沟、边下种、边施肥、边覆土，进行条播。播种量 800～1000kg/10000m^2。

3. 田间管理

随时拔除杂草，不能松土。2 月上旬幼苗长出土面时及 4 月上旬开花后，各追肥 1 次，肥料可用人粪尿或硫酸铵，施用时须用水稀释，不可过浓，以免造成枝叶枯萎或死亡。

施肥原则是：重施基肥，巧施冬肥，少施苗肥，磷钾肥配合施用，以达到苗壮、粒多、个大。因延胡索生长期短，要巧施冬肥，一般于 11 月下旬至 12 月上旬施磷酸二铵 400kg/10000m^2，尿素 150kg/10000m^2，均匀地撒于畦面，再盖 1 层厩肥，用量为 30t/10000m^2，并覆少量泥土。2 月上旬苗高 3cm

左右时施入尿素 200kg/10000m^2。出苗后如遇干旱，可于傍晚进行沟灌，余水翌晨排除。夏季梅雨季节，及时清沟排除积水。收获前不宜灌水，稍干对产量和质量有利。

（五）病虫害防治

1. 霜霉病

在 4 月间生长初期，如遇多雨，易引起霜霉病，叶面现白霉，叶片变灰褐，常致植株成片死亡，可用 1∶1∶150 比例的波尔多液进行防治。病期用 72% 克露可湿性粉剂 800 倍液或 40% 乙磷铝可湿性粉剂 250～300 倍液，或 75% 百菌清可湿性粉剂 600 倍液喷雾。

2. 菌核病

3 月中旬开始发病，4 月发病严重。防治上，可在发病初期开始喷洒 50% 速克灵或 50% 扑海因或 50% 农利灵可湿性粉剂 1000～1500 倍液或 70% 甲基硫菌灵可湿性粉剂 600 倍液及 50% 多菌性粉剂 600 倍液。

3. 锈病

主要危害茎、叶。生长中期气候潮湿时易发生。防治上，可增施磷钾肥；雨季及时排水；发病初期喷 97% 敌锈钠 300 倍液，每隔 7 天喷 1 次，连喷 2～3 次。

4. 虫害

有地老虎，喜食延胡索茎，白丝虫喜食延胡索块茎，如发现苗叶枯萎，即有虫害。可在早晨轻轻翻土捕捉，或在整地时每亩施入辛硫磷颗粒剂 1.5 kg。

（六）采收

当地上茎叶枯黄时要及时采收，晚收会使块茎变老，品质降低。挖出后，筛去泥土，除留种子外，按大小不同分别放入 80℃ 左右热水中烫煮（水必须漫过块茎），随时翻动，使热度一致。大块茎煮 5～8min，小块煮 3～5min，烫至中心呈黄色时，全部捞出暴晒 3 天，然后进室内回潮 1～2 天，再晒 3 天，这样反复 3～4 次，直至晒干为止。如遇阴雨天，应在烘房中烘干，故火烘烤，温度控制在 50～60℃，用刀切开看横断面，无白心时捞出晒干即可供药用。

五十七、泽泻

泽泻（*Alisma plantago - aquatica* L.），俗名水泽、如意花等，为泽泻科泽泻属多年生水生或沼生草本植物，产黑龙江、吉林、辽宁、内蒙古、河北、山西、陕西、新疆、云南等省区。原苏联、日本、欧洲、北美洲、大洋洲等均有分布。全株有毒，花较大，花期较长，可用于花卉观赏，花果期5—10月。地下块茎毒性较大，主治肾炎水肿、肾盂肾炎、肠炎泄泻、小便不利等症，为中医常用药品。

行内以福建泽泻为优，称“建泽泻”。

（一）药用价值

性味：甘，寒。

归经：入肾、膀胱经。

功效：利水，渗湿，泄热。

主治：小便不利，水肿胀满，呕吐，泻痢，痰饮，脚气，淋病，尿血。

《本经》：主风寒湿痹，乳难，消水，养五脏，益气力，肥健。

《名医别录》：补虚损五劳，除五脏痞满，起阴气，止泄精、消渴、淋沥，逐膀胱、三焦停水。

《药性论》：主肾虚精自出，治五淋，利膀胱热，直通水道。

《日华子本草》：治五劳七伤，主头旋、耳虚鸣，筋骨挛缩，通小肠，止遗沥、尿血。

《医学启源》：治小便淋沥，去阴间汗。去旧水，养新水，利小便，消水肿，渗泄止渴。

李杲：去脬中留垢、心下水痞。

《本草纲目》：渗湿热，行痰饮，止呕吐、泻痢，疝痛，脚气。

《素问》：治酒风，身热解惰，汗出如浴，恶风少气：泽泻、术各十分，麋衔五分。合，以三指撮，为后饭。

（二）生长习性

生于湖泊、河湾、溪流、水塘的浅水带，沼泽、沟渠及低洼湿地亦有生长。种子经浸种后播，在气温30℃时，经一昼即可发芽；气温在28℃以上时，种子发芽至第一片真叶长出只需5~7天。秋季地上植株和地下块茎生长迅速，冬季生长极为缓慢。

（三）繁殖方法

泽泻可以种子繁殖、分芽繁殖或块茎繁殖。一般先培育种子，再育苗移栽。种子培育是将经过选择的种株挖出，用分芽繁殖或块茎繁殖另行栽培，收得成熟种子。生长期约180天，其中苗期约30天，成株期约150天。种子成熟度不一，出苗有先后。

（四）栽培技术

1. 选地整地

育苗地宜选阳光充足、土层深厚、肥沃略带黏性、排灌方便的田块，育苗田播种前几天放干水。耕翻后，每亩施入腐熟堆肥3000kg，然后耙匀，做成宽1~1.2m的畦即可播种。

2. 播种育苗

播种前将种子用清水浸泡24~48min，晾干水气，与草木灰拌和。播放期，四川在6月中旬至7月上旬，福建在7月上旬，江西在7月下旬，撒播，5天左右，大部分萌芽。一般育苗10000m^2可栽种250000m^2左右。

3. 移栽

一般在8月，选17~20cm的秋苗，按行株距（30~33）cm×（24~27）cm，每穴栽苗一株，苗入泥中3~4cm。

冬种泽泻宜在10月中旬至11月上旬移栽。当苗高15cm以上，具有6~8片真叶即可移栽。每亩栽苗10000~11000株。移栽时应该选择阴天或晴天下午3点以后进行，选择高约15cm的粗壮苗，随起随栽，株行距25~30cm，每亩栽苗7000~9000株。苗要栽正、栽稳、浅栽，一般以根部栽入泥土中即可。苗要浅栽入泥2~3cm深，栽直、栽稳，定植后田间保持浅水勤灌。

4. 田间管理

（1）扶苗补苗　定植后，于次日检查，发现倒伏的幼苗，应扶正；缺苗应补齐，确保全苗。

（2）除草追肥　泽泻在生长期间一般要耘田、除草、追肥3~4次。三者在同一时间内连续进行。

（3）灌溉排水　在生育期中宜浅水灌溉。移栽后保持水深2~3cm，第二次耘田除草后经常保持水深3~7cm，11月中旬以后，逐渐排于田水，进行烤田，以利采收。

（4）摘花蕾、抹侧芽　4—9月下旬，在第二次耘田除草后，泽泻陆续抽花茎和萌发侧芽，消耗养分，影响产量和质量，故除留种者外，其余者应及时摘除花蕾和抹去侧芽。

（五）病虫害防治

1. 白斑病

危害叶片，可于播种前用40%甲醛80倍液浸种5min，洗净晾干后播种粉1000倍液，每7～10天喷1次，连喷2～3次。

2. 莲缢管蚜

危害叶柄、嫩茎，可用化学药剂喷杀。莲缢管蚜幼虫咬食叶片，用90%敌百虫1000倍液喷杀。

3. 银纹夜蛾

主要以幼虫危害叶片，造成缺刻和空洞。幼虫老熟后在叶背化蛹。虫害发生时用10%灭杀菊酯2000倍液，或90%敌百虫晶体1000倍液喷杀。在田间安装黑光灯，诱杀成蛾。

（六）采收

1. 留种

采收前，在大田中选择生长健壮、无病虫害、块茎肥大的植株作种株。在采收时另行挖起，割去地上枯萎的茎叶，将块茎移栽于比较湿润的地里，斜栽入土，深7～10cm，不宜过深或过浅。栽后覆盖秸秆杂草保温防冻。翌年立春后，每一块茎能萌发出10多个新芽，待新芽长成20cm左右的幼苗时，挖起母块茎，按新苗分切成单株，移栽于阳光充足、土壤肥沃的水田中，行株距均为30～40cm。栽后加强管理，7—8月果实先后成熟。当果实呈黄褐色时，即分批连梗剪取。然后将果枝扎成小把，置通风干燥处阴干后，脱粒。至翌年播种。

2. 采收

泽泻移栽后于当年12月下旬，地上茎叶枯黄时即可采收。

五十八、甘草

甘草（*Glycyrrhiza uralensis* Fisch.），俗名国老、甜草、乌拉尔甘草、甜根子，为豆科甘草属多年生草本植物，在亚洲、欧洲、澳洲、美洲等地都有分布（并大都有传统的药用和其他用途），在国内，甘草主要分布于新疆、内蒙古、宁夏、甘肃、山西朔州，野生为主。人工种植甘草主产于新疆、内蒙古、甘肃的河西走廊、陇西的周边、宁夏部分地区。

甘草的植株很好看，花冠紫色、白色或黄色，花期6—8月，果期7—10月。

根和根状茎供药用，是一种对人体很好的补益中草药，主治清热解毒、祛痰止咳、脘腹等。

（一）药用价值

性味：甘平。

归经：归心、肺、脾、胃经。

功效：补脾益气、润肺止咳、缓急止痛、缓和药性之功。

主治：倦怠食少，肌瘦面黄，心悸气短，腹痛便溏，四肢挛急疼痛等。

李杲：甘草，阳不足者补之以甘，甘温能除大热，故生用则气平，补脾胃不足，而大泻心火。

《汤液本草》：附子理中用甘草，恐其僭上也；调胃承气用甘草，恐其速下也；二药用之非和也，皆缓也。

《本草衍义补遗》：甘草味甘，大缓诸火。下焦药少用，恐大缓不能直达。

《本草汇言》：甘草，和中益气，补虚解毒之药也。

（二）生长习性

甘草多生长在干旱、半干旱的荒漠草原、沙漠边缘和黄土丘陵地带，它适应性强，抗逆性强，喜光照充足、降雨量较少、夏季酷热、冬季严寒、昼夜温差大的生态环境，具有喜光、耐旱、耐热、耐盐碱和耐寒的特性。适宜在土层深厚、土质疏松、排水良好的砂质土壤中生长。

（三）繁殖方法

多用种子繁殖，也有用根茎繁殖的。

（四）栽培技术

1. 土壤选择

栽培甘草应选择地下水位 1.5m 以下，排水条件良好，土层厚度大于 2m，内无板结层，pH 在 8.0 左右，灌溉便利的沙质土壤较好。翻地最好是秋翻，若来不及秋翻，春翻也可以，但必须保证土壤墒情，打碎坷垃、整平地面，否则会影响全苗壮苗。

2. 品种选用及种子处理

一般选用乌拉尔甘草和胀果甘草为当家品种。用种子播种，播前种子要用电动碾米机进行碾磨，或将种子称重置于陶瓷罐内，1kg 种子加 30ml 80% 的浓硫酸进行拌种，用光滑木棒反复搅拌，在 20℃温度下经过 7h 的闷种，然后用清水多次冲洗后晾干备用，这样，种子发芽率可达 90% 以上。

3. 播种

甘草在春、夏、秋三个季节均可播种，其中以五月份播种为最好。播前每亩施用优质农家肥 4000kg、磷二铵 35kg 做基肥。

若用种子播种，播种方法可采用条播或穴播，播种量每亩 2 ~ 2.50kg，行距 30 ~ 40 cm，株距 15 cm，播深 2.5 ~ 3 cm，每穴 3 ~ 5 粒，播后覆土耙耱保墒。

4. 田间管理

（1）施肥　第二、三年，每年春季秧苗萌发前追施磷二铵每亩 25kg。并开沟施于行侧 10cm 深处，沟深 15cm，施肥后覆土。

（2）灌水　播种当年灌水 3 ~ 4 次。第 1 次灌水在出苗后 1 个月左右进行，以后每隔 1 个月灌水 1 次，10 月中旬灌越冬水，第二、第三、第四年可逐渐减少灌水次数。

（3）间苗　当甘草秧苗长到 15cm 高时可进行间苗，株距 15cm，每亩保苗 2 万株左右。

（4）中耕除草　播种当年一般中耕 3 ~ 4 次，以后可适当减少中耕次数，结合中耕主要消灭菟丝子等田间杂草。

（5）采种　若采用人工种植栽培时必须年年采种，在开花结荚期摘除靠近分枝梢部的花与果，即可获得大而饱满的种子。采种应在荚果内种子由青变褐时，采种时间过早，影响种子的发芽率。

（五）病虫害防治

1. 锈病

植株被真菌侵害后，叶的背面出现黄褐色的疱状病斑，破裂后散发褐色粉末，这是病原菌的多孢子堆和复孢子，8、9月形成褐黑色的冬孢子堆。防治方法：把病株集中起来烧毁；发病初期喷洒0.3~0.4°Be石硫合剂或97%敌锈钠400倍液。

2. 褐斑病

植株被真菌感染后，叶片产生圆形和不规则形病斑，中央灰褐色，边缘褐色，病斑的正反面均有灰黑色霉状物。防治方法：病株集中起来烧毁；初期喷70%甲基托布津可湿性粉剂1500~2000倍液。

3. 白粉病

植株被真菌中的半和菌感染后，叶片正反面产生白粉。防治方法：喷0.2~0.3°Be石硫合剂。

4. 蚜虫、红蜘蛛

按常规方法进行防治。

（六）采收

甘草的种子繁殖3~4年，根状茎繁殖2~3年即可采收。在秋季9月下旬至10月初，地上茎叶枯萎时采挖。甘草根深，必须深挖，不可刨断或伤根皮，挖出后去掉残茎。泥土，忌用水洗，趁鲜分出主根和侧根，去掉芦头、毛须、支杈，晒至半干，捆成小把，再晒至全干；也可在春季甘草茎叶出土前采挖，但秋季采挖质量较好。

五十九、补骨脂

补骨脂（*Psoralea corylifolia* L.），俗名破故纸、婆固脂、胡韭子，为蔷薇目豆科补骨脂属一年生直立草本植物，产于云南（西双版纳）、四川金沙江河谷，河北、山西、甘肃、安徽、江西、河南、广东、广西、贵州等省区有栽培，印度、缅甸、斯里兰卡也有分布。常生长于山坡、溪边、田边，花冠黄色或蓝色，花、果期7—10月。

种子入药，有补肾壮阳、补脾健胃之功能，并可治牛皮癣等皮肤病。

（一）药用价值

性味：苦、辛、温。

归经：归肾、脾经。

功效：补肾壮阳，固精缩尿，肾虚腰痛，小便频数，小儿遗尿，肾漏，温脾止泻，纳气平喘。

主治：

（1）用于治疗肾虚阳痿、腰膝酸软冷痛、肾虚遗精、遗尿、尿频等；

（2）用于治疗脾肾阳虚引起的五更泄泻；

（3）用于治疗肾不纳气之虚寒喘咳。

《药性论》：主男子腰疼，膝冷囊湿，逐诸冷痹顽，止小便利，腹中冷。

《日华子本草》：兴阳事，治冷劳，明耳目。

《开宝本草》：主五劳七伤，风虚冷，骨髓伤败，肾冷精流及妇人血气堕胎。

《品汇精要》：固精气。

《本草纲目》：治肾泄，通命门，暖丹田，敛精神。

《玉楸药解》：温暖水土，消化饮食，升达脾胃，收敛滑泄、遗精、带下、溺多、便滑诸证。

《医林纂要》：治虚寒喘嗽。

（二）生长习性

喜温暖湿润气候，宜向阳平坦、日光充足的环境。苗期虽喜欢潮湿，但忌水淹。喜肥，基肥充足，土壤肥沃则生长茂盛。对土壤要求不严，一般土地都可种植，但以富含腐殖质的砂质壤土为最好，黏土较差。种子在20℃左右，有足够湿度的土壤中，7～10天出苗。

（三）繁殖方法

种子繁殖。

（四）栽培技术

1. 选地整地

选择向阳、地势高燥、排水良好的二荒地或缓坡地种植。秋作收获后，每亩施畜厩粪、土杂肥3～4t、普钙50～60kg，施匀后深耕翻地。整平细耕后做高畦，坡地畦宽1.5～2m，高10～15cm；平地畦宽1～1.3m，高15～20cm。畦面整成龟背形。

2. 种子处理

播种前先将种子用1mg/kg三十烷醇或1mg/kg赤霉素水溶液浸种12min。

3. 播种

（1）直播　在适宜种植区，于清明至谷雨在整好的畦上播种。条播，在畦面上按行株距（40～45）cm×（15～20）cm规格挖穴，穴深5～7cm，在穴中放种子1～2粒，覆盖约5cm厚的土，浇透水后再盖1～2cm厚的干土。覆盖地膜保温保湿，7～10天即可出苗。

（2）育苗移栽　清明前后采取苗床育苗，加盖地膜或加罩小拱棚保温保湿，7～10天出苗，30～40天即可移栽。

按直播规格移栽，即行株距为（40～45）cm×（15～20）cm栽1株，栽时压实根部，浇定根水。

4. 田间管理

（1）间苗定植　直播的，5月中、下旬进行间苗。以株距15～20cm留苗1株。间苗时，留大间小补缺，留壮间弱，保证全苗。

（2）中耕除草　移栽苗成活后或大雨后，要注意中耕松土除草，全生育期进行3～5次，保持土壤疏松无杂草。

（3）水肥管理　苗期注意浇水，保持土壤湿润，中、后期注意排水。全生育期必须保证两次追肥，第1次在苗高5～10cm时，每亩施人粪尿1～1.5t作为提苗肥；第2次在植株中部叶腋花芽冒出时，每亩用畜厩肥2～3t、过磷酸钙20～30kg施于根部，作为促花肥。有条件时，在花蕾初期喷施两次0.2%磷酸二氢钾，作为壮籽肥。

（五）病虫害防治

1. 菌核病

主要危害茎秆，形成倒状。病从上部叶片开始，产生褐色枯斑。后期蔓延到茎和茎基，产生褐色腐烂，其上产生白色菌丝和黑色颗粒状菌核，严重时病茎中空，皮层烂成麻丝状。防治方法：冬季清园，认真处理残体；控水排湿，降低土壤和棵间湿度；发病初期喷洒 50% 扑海因可湿性粉剂 1000～1500 倍液，或 40% 菌核净可湿性粉剂 800 倍液，或 70% 甲基托布津可湿性粉剂 1000 倍液。

2. 灰霉病

在叶片上产生褐绿色、水渍状的大斑驳，茎部感病后产生淡黄斑块，花序腐败，各病部均可产生灰色霉状物，都会局部腐烂。防治方法：注意雨后排除积水，降低湿度；发病初期喷洒 1∶1∶100 比例的波尔多液或 50% 扑海因可湿性粉剂 1000～1500 倍液或 50% 多硫可湿性粉剂 500～600 倍液，交替使用。

3. 轮纹病

主要危害叶片。在叶片上产生圆形、褐色、具有同心轮纹的大病斑，病部质脆易裂形成孔洞。防治措施：冬春清除病株残体，集中处理，减少菌源；发病时喷洒 70% 甲基托布津可湿性粉剂 800 倍液，或 50% 甲基硫菌灵悬浮剂 1500～2000 倍液，或 77% 可杀得可湿性粉剂 500～700 倍液。

（六）采收

秋季果实成熟时，随熟随收，割取果穗，晒干，打出种子，除净杂质即可。

六十、牡丹

牡丹（*Paeonia suffruticosa* Andrews），俗名木芍药、富贵花，是芍药科芍药属植物，为多年生落叶小灌木。花色泽艳丽，玉笑珠香，风流潇洒，富丽堂皇，素有“花中之王”的美誉。在栽培类型中，主要根据花的颜色，可分成上百个品种。牡丹品种繁多，色泽亦多，以黄、绿、肉红、深红、银红为上品，尤其黄、绿为贵。牡丹花大而香，故又有“国色天香”之称。

（一）药用价值

药材基源：丹皮为芍药科植物牡丹的根皮。

性味：辛苦；凉；微寒。

归经：心；肝；肾；肺经。

功效：清热，活血散瘀。

主治：治温热病热入血分；发斑；吐衄；热泪盈眶病菌后期热伏阴分发热；阴虚骨蒸潮热；血滞经闭；痛经；痈肿疮毒；跌扑伤痛；风湿热痹。

《得配本草》：丹皮、川柏，皆除水中之火，然一清燥火，一降邪火，判不相合。盖肾恶燥，燥则水不归元，宜用辛以润之，凉以清之，丹皮为力；肾欲坚，以火伤之则不坚，宜从其性以补之，川柏为使。

《本经疏证》：丹皮入心，通血脉中壅滞与桂枝颇同，特桂枝气温，故所通者血脉中寒滞，丹皮气寒，故所通者血脉中热结。

《名医别录》：丹皮除时气头痛，客热五劳，劳气头腰痛，风噤，癫疾。

《本草纲目》：丹皮和血，生血，凉血。治血中伏火，除烦热。

《珍珠囊》：丹皮治肠胃积血、衄血、吐血，无汗骨蒸。

《名医别录》：丹皮主时气头痛客热，五劳劳气，头腰痛者，泄热凉血之功也。甄权又主经脉不通，血沥腰痛，此皆血因热而枯之候也。血中伏火，非此不除，故治骨蒸无汗，及小儿天行痘疮，血热。东垣谓心虚肠胃积热，心火炽甚，心气不足者，以丹皮为君，亦此意也。

《本草正》：丹皮，赤者行性多，白者行性缓，总之，性味和缓，原无补性。但其微凉辛，能和血、凉血、生血，除烦热，善行血滞。滞去而郁热自解，故亦退热。用此者，用其行血滞而不峻。

《千金方》：丹皮治金疮内漏，血不出：丹皮为散，水服三指撮，立尿出血。

《滇南本草》：丹皮破血，行（血）消症瘕之疾，除血分之热。

《日华子本草》：丹皮除邪气，悦色，通关腠血脉，排脓，通月经，消扑损瘀血，续筋骨，除风痹，落胎下胞，产后一切冷热血气。

（二）生长习性

牡丹性喜温暖、凉爽、干燥、阳光充足的环境。喜阳光，也耐半阴，耐寒，耐干旱，耐弱碱，忌积水，怕热，怕烈日直射。适宜在疏松、深厚、肥沃、地势高燥、排水良好的中性沙壤土中生长。酸性或黏重土壤中生长不良。

（三）繁殖方法

牡丹繁殖方法有分株、嫁接、播种等，但以分株及嫁接居多，播种方法多用于培育新品种。

1. 分株

将生长繁茂的大株牡丹，整株掘起，从根系纹理交接处分开。每株所分子株多少以原株大小而定，大者多分，小者可少分。一般每 3 ~ 4 枝为一子株，且有较完整的根系。再以硫磺粉少许和泥。将根上的伤口涂抹、擦匀，即可另行栽植。分株繁殖的时间是在每年的秋分到霜降期间，适时进行为好。

2. 嫁接

（1）嵌接法　用芍药根作砧木。嫁接的时间一般是每年的 9 月下旬至 10 月上旬。其砧木是用直径 2 ~ 3cm、长 10 ~ 15cm 的粗壮而无病虫害的芍药根。

（2）腹接法　是种高接换头改良品种的方法。它是利用劣种牡丹或 8 ~ 10 年生的药用牡丹植株上的众多枝条，嫁接成不同色泽的优良品种。嫁接时间为 7 月上旬—8 月中旬。

（3）芽接法　在 5—7 月间进行。嫁接时以晴天为好。其方法有贴皮法和换芽法两种。贴皮法是在砧木的当年生枝条上连同木质部切削去一块长方形或盾形的切口，再将接穗的腋芽连同木质部削下一大小和砧木上大小、形状相同的芽块，然后迅速将芽块贴在砧木的切口上，用塑料绳扎紧。

3. 扦插

扦插繁殖是利用牡丹枝条易生不定根而繁殖新株的一种方法，属无性繁殖方法之一。方法是将扦插的枝条先剪下，脱离母株，再插入土壤或其他基质内使之生根，成为新株。

4. 播种

以种子繁衍后代或选育新品种，是一种有性繁殖方法。播种前必须对土壤进行较细致的整理消毒，土地要深耕细作，施足底肥。然后筑成70～80cm宽的小畦，穴播、条播均可。播种不可过深，以3～4cm为度，播种后覆土与面要平。再轻轻将土壤踏实，随即浇透水。

5. 压条

是利用枝条能产生不定根的道理而进行的繁殖方法，将枝条压倒或在植株上用土压埋，不脱离母株，土壤保持湿润，枝条被埋处生根，然后剪掉栽植，成为新株。

（四）栽培技术

1. 栽植

土壤要求质地疏松、肥沃，中性微碱。将所栽牡丹苗的断裂、病根剪除，浸杀虫、杀菌剂放入事先准备好的盆钵或坑内，根系要舒展，填土至盆钵或坑多半处将苗轻提晃动，踏实封土，深以根茎处略低于盆面或地平为宜。

2. 浇水

栽植后浇一次透水。牡丹忌积水，生长季节酌情浇水。北方干旱地区一般浇花前水、花后水、封冻水。盆栽为便于管理，可于花开后剪去残花连盆埋入地下。

3. 施肥

栽植一年后，秋季可行施肥，以腐熟有机肥料为主。结合松土、撒施、穴施均可。春、夏季多用化学肥料，结合浇水施花前肥、花后肥。盆栽可结合浇水施液体肥。

4. 修剪

栽植当年，多行平茬。春季萌发后，留5枝左右，其余抹除，集中营养，使第二年花大色艳。秋冬季，结合清园，剪去干花柄、细弱、无花枝。盆栽时，按需要修整成自己喜爱的形状。

5. 中耕

生长季节应及时中耕，拔除杂草，注意病、虫发生。秋冬，对两年生以上牡丹的田块实施翻耕。

6. 催花

为增加节日或庆典活动，按品种可提前50天左右将牡丹加温，温度控制常温10～25℃，日均15℃左右。前期注意保持植株湿润，现蕾后注意通风透光，成蕾后，按花期要求进行控温。平时要行叶面施肥，保证充足水分供应。

这样，冬春两季随时都能见花。

（五）病虫害防治

1. 灰霉病

（1）及时发现并清除患病部位，拔除病株并及时销毁，注意不要污染健康植株，对接触过病株的工具也要及时消毒。

（2）发病后，可进行化学防治，用1%等量式波尔多液，70%甲基托布津1000倍液，65%代森锌500倍液或50%氯硝铵1000倍液每隔10～15天喷一次，连续喷2～3次。

（3）秋季摘除枯枝落叶，并及时摘除病芽、病叶，以减少侵染来源。

2. 叶斑病类

（1）及时彻底清除病株，早春萌发前喷50%多菌灵600倍液或3°Be石硫合剂，杀灭植株及地上病菌。

（2）发病后可喷160～200倍等量式波尔多液，10～15天一次；或50%多菌灵1000倍液，65%代森锌500～600倍液，7～10天喷一次，连续喷3～4天。

3. 炭疽病

（1）生长季节进行化学防治。发病初期喷70%炭福美500倍液，65%代森锌500倍液，10～15天喷一次，连续喷1～2个月。

（2）预防疾病发生，减少侵染来源。早春喷洒石硫合剂，或50%多菌灵600倍液。秋季彻底清除病残体。

（六）采收

1. 起挖时间

牡丹定植后的3～4年即可起挖牡丹皮。起挖牡丹皮一般在8～10月份进行。

2. 起挖方法

起挖牡丹皮在晴天进行。起挖时要尽量做到挖出的根系完整。起挖之前将距茎基部10～15cm的枝叶全部砍去，用两齿锄将植株四周的土挖空，深度30～40cm，使根系充分暴露，用手抓住根桩将整株慢慢提起，轻轻抖落掉附着在根上的泥土。按株行顺序依次起挖，集中打捆运回，堆放在屋内。

3. 抽取牡丹皮

鲜根挖起后，要抓紧时间抽取牡丹皮，以免根皮失水收缩，不易与木质部分离，使剥制的牡丹皮破碎，降低质量等级。抽取牡丹皮时，先将须根一一摘下，然后由细根到粗根，从侧根到主根逐条抽取。

4. 晾晒

抽筋后的牡丹皮要按粗、细、整、碎分别放于竹席上，置于阳光下晒干。阳光强烈的天气，一般 1～2 天即可干透。

六十一、芍药

芍药（*Paeonia lactiflora* Pall.），俗名别离草、花中丞相，属毛茛目芍药科芍药属多年生草本植物。块根由根茎下方生出，肉质，粗壮，呈纺锤形或长柱形，粗 0.6～3.5cm，因品种差异，其为中药时有“赤芍”、“白芍”之分。

芍药被人们誉为“花仙”和“花相”，且被列为“十大名花”之一，又被称为“五月花神”。因自古就作为爱情之花，现已被尊为七夕节的代表花卉。

（一）药用价值

性味：苦，微寒。

归经：归肝经。

功效：清热凉血，散瘀止痛。

主治：用于温毒发斑，吐血衄血，目赤肿痛，肝郁胁痛，经闭痛经，症瘕腹痛，跌扑损伤，痈肿疮疡。

《本草经集注》：芍药赤者小利，俗方以止痛，乃不减当归。

《用药法象》：赤芍药破瘀血而疗腹痛，烦热亦解。仲景方中多用之者，以其能定寒热，利小便也。

《本草经疏》：木芍药色赤，赤者主破散，主通利，专入肝家血分，故主邪气腹痛。其主除血痹、破坚积者，血瘀则发寒热，行血则寒热自止，血痹疝瘕皆血凝滞而成，肢凝滞之血，则痹和而疝瘕自消。凉肝故通顺血脉，肝主血，入肝行血，故散恶血，逐贼血。营气不和则逆于肉里，结为痈肿，行血凉血，则痈肿自消。妇人经行属足厥阴肝经，入肝行血，故主经闭。肝开窍于目，目赤者肝热也，酸寒能凉肝，故治目赤。肠风下血者，湿热肠血也，血凉则肠风自止矣。

《药品化义》：赤芍，味苦能泻，带酸入肝，专泻肝火。盖肝藏血，用此清热凉血。入洞然汤，治暴赤眼；入犀角汤，清吐衄血。入神仙活命饮，攻诸毒热壅，以消散毒气；入六一顺气汤，泻大肠闭结，使血脉顺下。以其能主降，善行血滞，调女人之经，消瘀通乳；以其性禀寒，能解热烦，祛内停之湿，利水通便。较白芍味苦重，但能泻而无补。

白芍

性味：苦酸，凉；

归经：入肝、脾经；

功效：养血柔肝，缓中止痛，敛阴收汗；

主治：治胸腹胁肋疼痛，泻痢腹痛，自汗盗汗，阴虚发热，月经不调，崩漏，带下。

《本经》：主邪气腹痛，除血痹，破坚积，治寒热疝瘕，止痛，利小便，益气。

《名医别录》：通顺血脉，缓中，散恶血，逐贼血，去水气，利膀胱、大小肠，消痈肿，（治）时行寒热，中恶腹痛，腰痛。

《药性论》：治肺邪气，腹中疞痛，血气积聚，通宣脏腑拥气，治邪痛败血，主时疾骨热，强五脏，补肾气，治心腹坚胀，妇人血闭不通，消瘀血，能蚀脓。

《唐本草》：益女子血。

《日华子本草》：治风补痨，主女人一切病，并产前后诸疾，通月水，退热除烦，益气，治天行热疾，瘟瘴惊狂，妇人血运，及肠风泻血，痔瘘发背，疮疥，头痛，明目，目赤，胬肉。

《医学启源》：安脾经，治腹痛，收胃气，止泻利，和血，固腠理，泻肝，补脾胃。

王好古：理中气，治脾虚中满，心下痞，胁下痛，善噫，肺急胀逆喘咳，太阳鼽衄，目涩，肝血不足，阳维病苦寒热，带脉病苦腹痛满，腰溶溶如坐水中。

《滇南本草》：泻脾热，止腹疼，止水泻，收肝气逆疼，调养心肝脾经血，舒经降气，止肝气疼痛。

（二）生长习性

芍药适宜温暖湿润气候条件，性喜阳光、喜温、喜肥和一定的耐寒特性。在年均温 14. 5℃，7 月均温 27. 8℃，极端最高温 42. 1℃的条件下生长良好。

芍药是宿根植物。每年 3 月萌发出土，4—6 月为生长发育旺盛时期，花期 5 月，果期 6—8 月，8 月中旬地上部分开始枯萎，这时是芍药苷含量最高时期。芍药种子为上胚轴休眠类型，播种后当年生根，再经过一段低温打破上胚轴休眠，翌春破土出苗。

（三）繁殖方法

芍药传统的繁殖方法是分株、播种、扦插、压条等。其中以分株法最为易行，被广泛采用。播种法仅用于培育新品种、生产嫁接牡丹的砧木和药材生产。

1. 分株法

（1）分株时间 从8月底芍药就可以分株了，直至9月下旬（处暑至秋分）。南方的分株时间还要再晚些。分株苗经三四年生长又可再次分株。

（2）分株方法 分株时细心挖起肉质根，尽量减少伤根，挖起后，去除宿土，削去老硬腐朽处，用手或利刀顺自然缝隙处劈分，一般每株可分3~5个子株，每子株带3~5个或2~3个芽；母株少而栽植任务大时，每子株也可带1~2芽，不过恢复生长要慢些，分株时粗根要予以保留。

芍药作药用栽培时，芍药产区多用芍头分株繁殖。秋天挖出母株，将粗根全部切下药用，而将带芽的芍头作为繁殖材料。首先去除无芽和病脚的芍头，将芍头切分成块状，每块带壮芽2~3个，芍头厚2cm，随切分，随栽植。

（3）栽植 栽植深度以芽入土2cm左右为宜，如果分株根丛较大，第二年可能有花，但形小，不如摘除使植株生长良好。根丛小的（2~3芽），第二年生长不良或不开花，一般要培养2~5年。

2. 扦插法

选地势较高、排水良好的圃地做扦插床，床土翻松后，铺15cm厚的河沙，河沙要用0.5%的高锰酸钾消毒。扦插基质也可用蛭石或珍珠岩。在床上搭高1.5m的遮阳棚。扦插时间以7月中旬截取插穗扦插效果最好。插穗长10~15cm，带两个节，上一个复叶，留少许叶片；下一个复叶，连叶柄剪去，用浓度为500×10~1000×10 萘乙酸或吲哚乙酸溶液速蘸处理后扦插，插深约5cm，间距以叶片不互相重叠为准。插后浇透水，再盖上塑料棚。插后20~30d即可生根，并形成休眠芽。生根后，应减少喷水和浇水量，逐步揭去塑料棚和遮阳棚。扦插苗生长较慢，需在床上覆土越冬，翌年春天移至露地栽植。

3. 根插法

利用芍药秋季分株时断根，截成5~10cm的根段，插于深翻并平整好的沟中，沟深10~15cm，上覆5~10cm厚的细土，浇透水即可。

（四）栽培技术

芍药的栽培技术比较简单。

栽植地点宜选背风向阳、土层深厚、地势高燥之处。栽前深翻30cm以上，施入充分腐熟的有机肥、骨粉以及少量杀虫剂，再深翻一次，其上覆一薄层土，避免根直接与肥料接触而造成烂根。然后把芍药放入穴内，使根系舒展伸直。栽植深度以芽以上覆土3~4cm厚为宜。覆土后将土轻轻压实，浇透水，次日傍晚进行浅中耕，使土壤通气良好。

冬季严寒地区，入冬后在栽植穴上培土20cm厚，以利安全越冬。翌年春季土壤解冻后及时将培土扒掉。春季新芽萌发时进行施肥浇水，中耕保墒。现蕾后及时摘除侧蕾，集中养分供主蕾生长发育，并保证主蕾花冠丰满。花谢后应及时剪去花梗，防止结籽，以免消耗养分。花后随即追施一次液肥，促进花芽分化，施肥后根据土壤干湿情况确定是否浇第三次水。从春至秋要经常中耕除草。秋季叶子枯黄时要及时剪去，并再施一次厩肥或堆肥，然后即可培土越冬。

（五）病虫害防治

1. 病害

（1）红斑病　芍药红斑病又称芍药褐斑病，是栽培芍药中最常见的重要病害。其防治方法为：

①冬季彻底清除病残体。

②加强栽培管理，注意栽植密度，增加通风、透光。增施有机肥，提高土壤的保水保肥能力，增强植株的抗病性，促进植株健壮生长。

③开花前喷65%代森锌500－600倍液。

④发病初期，可喷甲基托布津可湿性粉剂1200倍液或多菌灵可湿性粉剂1000倍液，每隔7~10天喷1次，连续喷4~5次。

（2）芍药炭疽病　由牡丹炭疽病菌引起，以菌丝体在病叶或病茎上越冬，翌年分生孢子盘产生分生孢子，借风雨传播，从伤口侵入危害。其防治方法为：

①清除病源，及时摘除病叶，集中烧毁，防止再次侵染。

②药剂防治最好在发病初期，喷施80%炭疽福美可湿性粉剂800倍液、50%多菌灵可湿性粉剂500~800倍液或50%甲基托布津可湿性粉剂500~800倍液。每7~10天喷一次，连喷4~5次，雨后补喷。

2. 虫害

（1）介壳虫　介壳虫又名蚧。危害芍药的介壳虫有数种，如吹棉蚧、日本蜡蚧、长白盾蚧、桑白盾蚧、芍药圆蚧、矢尖盾蚧等。介壳虫吸食芍药的体液，使植株生长衰弱，枝叶变黄。发现个别枝被介壳虫危害时，可用软刷刷除，或剪去虫害枝烧毁，抓住卵的盛孵期喷药，刚孵出的虫体表面尚未披蜡，易被杀死。最好是加强检疫，严防引入带虫苗木。

（2）蚜虫　当春天芍药萌发后，即有蚜虫飞来危害，吸食叶片的汁液，使被害叶卷曲变黄。幼苗长大后，蚜虫常聚生于嫩梢、花梗、叶背等处，使花苗茎叶卷曲，以致全株枯萎死亡。喷洒40%乐果乳剂1000～1500倍液，或80%敌敌畏1500～2000倍液，或50%灭蚜松乳剂1000～1500倍液可以短期抑制蚜虫灾害。

（六）采收

通常于栽种后3～4年采收。采收期各地不同，一般为6月下旬至9月上旬。采后加工时，将白芍按大、小分档后在沸水中烫煮5～15min，烫至皮白无生心时，捞出浸入冷水，取出刮去外皮，切齐两端，依粗细晒干。亦有先刮皮，后煮晒的。

参考文献

1. 中华人民共和国卫生部药政管理局，中国药品生物制品检定所．现代实用本草［M］．北京：人民卫生出版社，1997. 3.

2. 国家中医药管理局编委会．中华本草［M］．上海：上海科学技术出版社，1998. 1.

3. 江苏新医学院．中药大辞典（上下册）［M］．上海：上海科学技术出版社，1986.

4. 李炳文，高锦凌．本草纲目彩图版［M］．天津：天津古籍出版社，2006. 8.

5. 叶橘泉．现代实用中药［M］．上海：上海科技出版社，1956.

6. 中国科学院植物研究所．中国高等植物图鉴［M］．北京：科学出版社，1976，12.

7. 第二军医大学药学系生物学教研组．中国药用植物图鉴［M］．上海：上海教育出版社，1960.

8. 高学敏，张德芹，张建军．实用本草纲目彩色图鉴［M］．佛山：广东科技出版社，2006. 5.

9. 陈士铎（清）．本草新编［M］．北京：中国中医药出版社，2008. 9.

10. 黄宫绣（清）．本草求真［M］．北京：中国中医药出版社，1997. 3.

11. 李绩，苏敬（唐）．唐本草［M］．北京：群联出版社，1955. 5.

12. 陈藏器（唐）．本草拾遗［M］．北京：人民卫生出版社，1955.

13. 陶弘景（南朝．梁）名医别录（别录）［M］．北京：人民卫生出版社，1986.

14. 忽思慧（元）．饮膳正要［M］．北京：中国中医药出版社，2009. 1.

15. 兰茂（明）．滇南本草［M］．昆明：云南人民出版社，1959.

16. 汪绂（清）．医林纂要探源［M］．南京：江苏书局，1897（清光绪23 年）.

17. 吴仪洛（清）．本草从新［M］．上海：上海启新书局，1921（中华民国 11 年）.

18. 寇宗奭（宋）．本草衍义［M］．北京：商务印书馆，1957.

19. 吴越（五代）．日华子本草［M］．合肥：安徽科技出版社，2005. 7.

20. 甄权（唐）．药性论［M］．合肥：安徽科技出版社，2006. 9.

21. 张元素，郑洪新．医学启源［M］．北京：中国中医药出版社，2007. 5.

22. 李中梓（明）. 雷公炮制药性解［M］. 北京：中国中医药出版社，1998.

23. 沈金鳌（清）. 要药分剂［M］. 上海：上海卫生出版社，1958.

24. 萧步丹. 岭南采药录［M］. 广州：广东科技出版社，2009.

25. 顾观光. 神农本草经（本经）［M］. 哈尔滨：哈尔滨出版社，2007. 8.

26. 严西亭（清）. 得配本草释义［M］. 太原：山西科学技术出版社，2009. 4.

27. 唐颐. 食物本草［M］. 西安：陕西师范大学出版社，2010. 4.

28. 古吴，叶天士. 本草再新［M］. 上海：上海群学书社，1941. 8（民国二十年八月）.

29. 刘文泰（明）. 本草品汇精要［M］. 北京：中国中医药出版社，2013.

30. 张璐（清）. 本经逢原［M］. 北京：中国中医药出版社，2007.

31. 无名氏（清）. 分类草药性新编［M］. 北京：中医古籍出版社，2007.

32. 陈仕良（南唐）撰，尚志钧辑校. 食性本草［M］. 合肥：安徽科学技术出版社，2003.

33. 苏颂（宋）编撰，尚志钧辑校. 本草图经［M］. 合肥：安徽科学技术出版社，1994. 5.

34. 宇妥·元丹贡布，等. 四部医典［M］. 北京：人民卫生出版社，1987. 10.

35. 玛尔·丹增彭措. 晶珠本草［M］. 上海：上海科学技术出版社，2012.

36. 孙思邈（唐）. 千金翼方［M］. 北京：人民卫生出版社，1983.

37. 李中梓（明）著，付先军等校注. 本草通玄［M］. 北京：中国中医药出版社，2015 . 12.

38. 四川人民出版社. 民间常用草药汇编［M］. 重庆：四川人民出版社，1959.

39.《万象文画》编写组. 食疗本草［M］. 呼和浩特：内蒙古人民出版社，2011. 1.

40. 朱中德. 科学的民间药草［M］. 北京：求知出版社，1951. 6.

41. 李中梓. 雷公炮制药性解［M］. 北京：中国中医药出版社，1998.

42. 郭巧生. 药用植物栽培学［M］. 北京：高等教育出版社，2009. 7.

43. 田义新. 药用植物栽培学（第三版）［M］. 北京：中国农业出版社，

2011，6.

44. 徐昭玺，魏建和．热门及名贵中药材种植技术［M］．北京：中国农业出版社，2001.

45. 姚宗凡．常用中药种植技术［M］．北京：金盾出版社，1989.

46. 傅俊范，朴钟云．中草药栽培技术［M］．沈阳：东北大学出版社，2010.

47. 古丽孜帕·吾拉孜，古丽加依那提·加依劳拜．中药材栽培技术［M］．杭州：浙江科学技术出版社，1988，7.

48. 陈康，李敏．中药材种植技术［M］．北京：中国医药科技出版社，2006.

铁皮石斛

金银花

旋覆花

玉簪

荆芥

番红花

红景天

覆盆子

曼陀罗花

芫花

栝楼

凤仙花

黄芩

黄芪

黄连

细辛

豆蔻

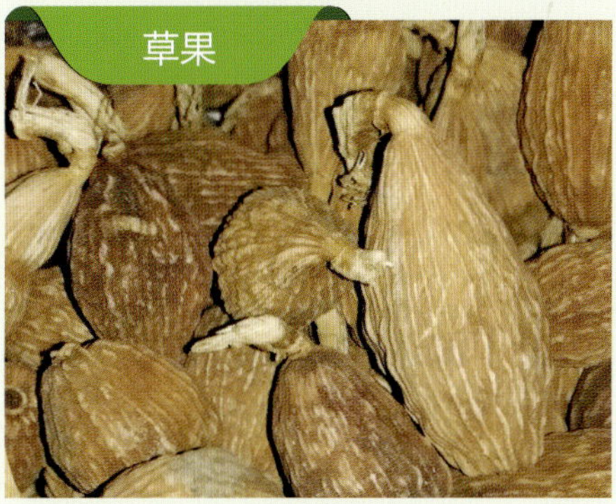
草果

萱草

白芷

麦门冬

天门冬

藿香

白术

石蒜

夏枯草

枸杞

苍术

青葙

川芎

秦艽

莪术

地黄

龙葵

紫菀

款冬花

白鲜

知母

蜀葵

五味子

马鞭草

巴戟天

龙胆

西洋参

刺五加

射干

留兰香

紫苏

鱼腥草

蒲公英

薄荷

桔梗

马兜铃

使君子

蛇床子

延胡索

泽泻

甘草

补骨脂

牡丹

芍药